JN026632

農業経営の組織変革論

組織構造と組織文化からの接近

伊庭治彦　堀田和彦
編著

農林統計協会

はしがき

本書は、事業の規模拡大や6次産業化といった今日の農業経営の変化に対して、その分析視角をより多角化することが必要であるとの認識に立ち、農業経営学が対象とする分析領域の拡張を試みることを目的とする。具体的には、農業経営を担う農業経営体および地域農業組織（「序章」を参照）が取り組む環境適応行動に関する分析視角として組織変革論および組織文化論の有用性を検証することを課題とする。

なお、一般経営学において発展してきた両論を農業経営学に導入する上で、当然ながら農業の産業特性に照らしての理論的展開が必要となる。両論は広範な経済活動に関わって発展してきた一般経営学に包含される理論であり、農業経営もそれら理論の対象となる経済活動である。したがって、農業経営を科学する農業経営学がこれら理論を分析枠組みとして用いることの必然性はある。ただし、一般経営学において発展してきたいずれの理論を導入する場合においても、我が国の農業経営の特質を踏まえての農業経営学独自の展開が必要である。すなわち、農業経営学の理論体系において分析枠組みとして有用であることを担保するため、農業経営の特質を組み入れる理論的な検討がなされなければならい。端的には、一般企業とは異なる農業経営が有する特質に対して適正な分析枠組みとして再構築することが必要となる。

では、一般企業とは異なる農業経営の特質としてどのようなものを想定するべきであろうか。ここではとくに、農業経営体が自己の成長・発展を図る上で一定の地理的範囲における生産活動として概念化される「地域農業」、およびその地域農業を包含する地域社会との関係性が重要な要因となることに着目したい。一般企業についても地域社会との関係性が経営成果に影響を与える場合は多々ある。しかし、企業の行動は経済主体としての営利を最上位の目的あるいは条件とし、それに導かれることにより地域社会との関係が形成されるのであり、その逆はない。一方、世帯として農業経営を主宰する家族農業経営体は、独立した経済主体であると同時に、地域農業組織や地域社会の構成員としての性格を併せ持ちながら事業運営を行うという特質を有する。家族農業経営体の構成員は、地域農業組織および地域社会を構成する主体としての人格を有し、そのことが農業経営における意思決定に少なからず影響を及ぼしている。ただし、農業経営体における経営行動次元と地域農業における組織的活動次元とは必ずしも調和するものではない。このことから、両次元間の調整を図ることが必要になる。このような農業経営の特質を取り扱う理論こそが農業経営学の独自性と考える。

以上、本書がチャレンジングな性格を有することを述べた。これらの試みの成否については、読者の方々からの評価を受けなければならない。同時に、本書は農業経営管理として組織変革を導入することを提言する性質を合わせ持つことから、実社会での有用性について生産現場からの評価を受けることになる。忌憚のないご意見をいただければ幸いである。

なお、本書は、2019 年、2020 年の 2 ケ年間に渡り開催された日本農業経営学会大会でのシンポジウム報告を下敷きとしつつ、その後に追加的な事例調査や理論的検討を加えることにより研究結果の精度の向上を図っている。2 ケ年のシンポジウムの大会テーマおよび報告は下記のとおりである。ただし、本書ではこれらの報告を組み替え、「第一部　農業経営における組織構造変革の実態・要因・効果」「第二部　農業経営における組織文化と経営戦略」の二部構成としている。このような構成としたのは、一年目のシンポジウムにおいて組織構造と組織文化の変革に関する議論を行った際に、組織文化論を農業経営学に導入するに当たりさらに議論を深める必要性を痛感したからである。この点は、両年のシンポジウムにおいて多くの方々からいただいた各報告へのコメントやアドバイスが、本書を世に出す原動力になったことを意味する。あらためてお礼を申し上げたい。

最後に、本書の刊行は日本農業経営学会による出版支援事業により実現に至った。厚くお礼を申し上げたい。

執筆者を代表して　伊庭　治彦

2019年大会シンポジウム報告：農業経営学における組織変革論の必要性と独自性

座　長：伊庭　治彦（京都大学）・堀田　和彦（東京農業大学）

第1報告「農業経営に求められる組織変革－環境変化への適応に関する理論的検討－」　東山　寛（北海道大学）

第2報告「農業経営の組織変革とそのインパクト－法人化を対象に－」　藤栄　剛（明治大学）

第3報告「農業経営の組織変革に関する理論的検討－環境適応としての組織文化・組織風土－」　若林　直樹（京都大学）・野口　寛樹（福島大学）

第4報告「中間組織体『地域農業組織』の組織変革に関する理論的検討」　小林　元（広島大学）

コメンテータ：西　和盛（宮崎大学）・佐藤加寿子（弘前大学）

2020年大会シンポジウム報告：農業経営学における組織文化と組織戦略の関係性に関する検討

座　長：堀田　和彦（東京農業大学）・伊庭　治彦（京都大学）

第1報告「組織文化が経営戦略適用過程に及ぼす影響の理論的考察」　鈴村源太郎（東京農業大学）

第2報告「戦略的人的資源管理と組織文化－大規模養豚法人を事例として－」　前田佳良子（セブンフーズ株式会社）

第3報告「集落営農法人における組織文化と経営戦略」　井上　憲一（島根大学）

第4報告「株式会社きたなかふぁーむの『組織文化』－ティール組織論からの検討－」

北中　良幸（株式会社きたなかふぁーむ）・坂本　清彦（龍谷大学）

コメンテータ：柳村　俊介（摂南大学）・本田　恭子（岡山大学）

（所属は報告当時）

目　次

はしがき …………………………………………………………………………… i

序　章　農業経営学における組織変革論の導入に関する試論
　　　　……………………………………………………（伊庭　治彦）… 1

第一部　農業経営における組織構造変革の実態・要因・効果

第１章　農業経営の組織化の論理
　　　　―環境変化への適応に関する理論的検討― ……（東山　　寛）… 15

第２章　組織変革は農業経営の効率性を高めるか？
　　　　―稲作単一経営の法人化を対象に―
　　　　……………………………………（藤栄　　剛・仙田　徹志）… 33

第３章　中間組織体「地域農業組織」の組織変革に関する
　　　　理論的検討 ……………………………………（小林　　元）… 49

第４章　農業経営学において組織構造変革はどのように
　　　　捉えうるか ……………………………………（西　　和盛）… 71

第二部　農業経営における組織文化と経営戦略

第５章　農業組織における組織文化とその変革のあり方
　　　　―イノベーションと顧客への志向性―
　　　　……………………………………（若林　直樹・野口　寛樹）… 81

第６章　農業経営の組織文化と経営戦略に関する理論的考察
　　　　……………………………………………………（鈴村源太郎）… 101

第７章　戦略的人的資源管理と組織文化
　　　　―大規模養豚法人を事例として―
　　　　……………………（前田佳良子・澤田　　守・納口るり子）… 127

第８章　集落営農法人にみる組織文化形成と経営戦略
—集落営農広域連携に着目して— ………………（井上　憲一）… 147

第９章　株式会社きたなかふぁーむの『組織文化』
—ティール組織論から組織の進化を考える—
………………………………………（坂本　清彦・北中　良幸）… 169

第 10 章　農業構造の変動と農企業の組織文化 …………（柳村　俊介）… 195

終　章　本書の総括 ……………………………………………（堀田　和彦）… 207

序章　農業経営学における組織変革論の導入に関する試論

伊庭　治彦

Ⅰ　はじめに－農業経営体の環境適応としての組織変革－

本論の課題は、農業経営の継続と地域農業の維持に関して農業構造の変化に適合した新たな分析視角を農業経営学に導入することの検討を行うことである。具体的には、農業経営体および中間組織体として概念化する地域農業組織の二つの次元における環境変化に対する適応行動（以下、「環境適応」という。）を分析対象とする研究に「組織変革論」を導入することの有効性と農業経営学における同論の独自性を検討する。

なお、検討に当たって、集落等の地域を範囲として農業者が組織的に行う共同活動の対象となる農業を「地域農業」として、また、地域農業の維持を図るための共同活動の実施を「地域農業経営」と概念化する。その上で、本論では、「個々の農業経営と地域農業という二つの次元の相補う関係を基礎としつつ、両次元における非効率を是正することを目標とする共同活動を主催し、地域農業経営を担う中間組織体」として「地域農業組織」を概念化とする。

さて、我が国の農業経営体数構造は、小規模層の減少と大規模層の漸増が同時進行している。このような構造変化は、各農業経営体における経営管理の変化を伴いつつ進行している。すなわち、小規模層においては作業や職能の外部化の進展、大規模層においては人的資源管理の高度化[1)]が見受けられる。同じく、集落等の地域を範囲とする地域農業の維持形態についても上記の構造変化は影響を与えている。とくに、少なくない地域において、集落内

1）具体的には、小規模層における農作業の委託、大規模層における従業員の役割分担の明確化や研修・教育制度の確立。

に形成されている実行組合等の農業組織が担ってきた地域農業の維持機能の低下を招いている。具体的には、農道や水利施設等の地域農業資源の保全・管理が十全には行われないといった問題が生じている。そのため、各地域ではそれぞれに有する諸条件の下で種々の対応策が講じられている。その結果、今日では地域農業は多様な形態により維持が図られようとしている。以上の認識に立つ本論は、農業経営学に組織変革論および組織文化論を導入することの必要性と有効性を検討するものである。同時に、一般経営学において発展してきた同論を農業経営学に導入する上での理論的展開が必要であるとの認識に立ち、その独自性を検討するものである。

組織変革は、事業主体が環境変化に直面し事業が非効率化したり、維持が困難化したりする時の環境適応を意味し、経営戦略と組織の片方もしくは両方の更新を内容とする。このような環境適応において両者の相互適合関係を確保することこそが組織変革が目指すところである。この相互適合関係について、「組織は戦略に従う」（チャンドラー）と「戦略は組織に従う」（アンゾフ）という二つの定式が知られているが、両者間で焦点を当てる「組織」の意味するところは異なる。すなわち、前者の「組織は戦略に従う」の組織は組織構造を、「戦略は組織に従う」の組織は主に組織文化を意味する。組織構造は、端的には事業を実施するために組織内に構築される役割分担の体系である。したがって、「組織は戦略に従う」とは、新たな規模や生産方法による事業の実施や新たな事業の展開といった経営戦略を効率的に遂行しうる組織構造への再編を意味する。後者の「戦略は組織に従う」は、新たに策定された経営戦略が機能するか否は、組織内での意思決定のあり方に影響を与える組織文化との適合性が重要となることを意味する。したがって、環境適応として策定した経営戦略を遂行するに際して既存の組織文化とマッチしない場合、経営戦略の練り直し、もしくは組織文化の変革が必要になる。

これら組織構造と組織文化は組織内部にあって装置化され事業運営の安定化を図る要素であることから、本論では両者を「構造的要素」と位置づける。一方、経営戦略は指針として事業運営の機能化を図る要素であることから「機能的要素」と位置づける。その上で、組織の環境適応に関わる組織管理を「組織の構造的要素と機能的要素の相互適合的な変革」と概念化する。これらの準備の下で、本論では組織変革を「組織の構造的要素の操作」と定義し、次節以降、検討を行うこととする。

Ⅱ　組織変革の必要性と有効性

今日、環境変化に対して農業経営体が新たな経営戦略を策定し実践する上で、大きな課題として認識されているのは投資に関わるリスクの低減であろう。新たな事業を開始するにあたって高額な施設・機械が必要となれば、当該事業の成否が農業経営の継続自体を脅かし兼ねないからである。その一方で、本論が取り上げる新たな経営戦略に適合した組織構造への再編や組織文化の醸成を内容とする組変変革については、農業経営体における意識は全体的に低いといえる。しかし、組織変革は農業経営の環境適応に関わる重要な取り組み課題であり、投資リスクの低減とも強く関連する。

組織変革を考慮することなく経営戦略の更新と実施に取り組めば、往々にして構造的要素との間に齟齬が生じ、経営戦略が機能不全に陥る可能性が高まることは明らかである。また、環境変化が激しいが故により新規性の高い機能的要素が求められれば、両要素間の齟齬もまた大きくなり事業に関わる効率性も低下する。換言すれば、激しい環境変化に直面する農業経営体が事業の継続を図るために構造的要素と機能的要素を更新するに際して、両者の相互適合化を図る組織管理を実践することが必要かつ重要となる。このことは、事業運営を効率化し投資リスクの低減を図るための経営管理の中心となる。

ただし、人的資源の少なさと経営体内部に家族としての文化を有することを特徴とする家族農業経営体[2)]においては、上記の課題への取り組みは困難となる。なぜなら、往々にして組織変革の効果がその費用を下回るからであ

2）本論では家族農業経営体を次のとおり定義し、検討を進める。農地などの生産基盤を所有し農業経営を主催する主体は一つの農家世帯である。農業経営の中心となる組織構成員は家族員であり、家族員間の関係が農業経営体内の組織構成員間の関係と概ね重なる。

る[3)]。具体的には、第一に、構造的要素の操作の幅が制限され再編自体が困難だからである。第二に、経営戦略との適合化のために新たな組織文化が求められたとしても、その醸成に対して家族員＝組織構成員が反発すれば、そのマイナス効果は大きなものとなるからである。生活に根付いている家族としての文化を否定することは容易ではない。産業種別を問わず、事業主体が環境適応を図る上で組織変革＝構造的要素の操作が有効な手段となるのは、その操作によって環境変化が派生する非効率を是正しうる場合である。したがって、家族農業経営体がその特徴により組織変革に関わる費用と効果のバランスの合理性を欠くことになれば、環境適応として組織変革に取り組むことはなくなる。このような状況が起こりうる可能性の高さが、多くの農業経営体において組織変革への取り組みが見られないことの主な要因であろう。また、農業経営学において農業経営の環境適応に関しての研究が経営戦略論による接近を主とし[4)]、組織変革論を併せ用いての分析が進展してこなかったことの要因でもあると考える[5)]。

なお、家族農業経営体において構造的要素である組織文化の一律性あるいは共有性が崩れつつあることは、岩元（2013：pp.10-12）が指摘するところである。岩元は、既存研究[6)]のレビューをとおして、家族農業経営体内の価値観や行動様式、行動原理について「親夫婦と息子夫婦」や「夫と妻」の間に違いが生じつつあること、およびこれらの違いにより経営継承における困難性が高まる等の問題が生じることを指摘している[7)]。このような状況は、人的資源の多様化という農業経営体の内部環境の変化に起因する問題の一つとして捉えることができる。また、近年では岩元の指摘する問題の普遍化がますます進みつつあるように見受けられる。したがって、家族農業経営体にお

3）大月（2014：p36）は、組織変革は「効率性と創造性の追求という側面を持つ現象」としつつ、同時にそれらの間にトレードオフ関係があるとする。

4）農業経営学における経営戦略論を用いての研究に関しては八木（2018）に詳しい。

5）長編（1993）、日本農業経営学会編（2012）のどちらにも組織文化論の章立てはない。

6）熊谷苑子（1996）、小笠原・納口（2010）をレビューしての考察である。

7）岩元（2006：p17）は、家族の変化の一つとして「家族の規範の変化」を挙げ、「自立した意思決定に基づく新たな親子関係、夫婦関係に基づく家族規範の登場である。」とする。

いて、組織構成員の規模に関わらず環境適応として構造的要素を操作することの有効性が高まりつつある、といえる。

さらに、今日では少なくない農業経営体が事業規模の拡大や事業の多角化を経営戦略として遂行しており、必要となる人的資源の増加および職能の高度化を図っている。そのため、パートタイム雇用を含めれば従業員が数十人に及ぶことは珍しくはなくなり、また、人的資源の多様化も進展している。このような農業経営体では、環境適応として組織変革に取り組むことが必要かつ有効となる。すなわち、人的資源の増加や多様化を伴う新たな経営戦略の遂行に取り組む農業経営体にあっては、機能的要素と相互適合しうる組織変革（組織構造の再編および組織文化の醸成）の成否が、経営成果に大きく影響することになる。

これらの組織変革に唯一最善のモデルがあるわけではなく、コンティンジェントな対応が必要になる。ただし、ここでは組織変革の具体的なイメージを得るため、一般的に見受けられる変革の方向を簡単に示しておく。組織構造の再編に関しては、より効率的に経営戦略を遂行しうる従業員間の職務配分および分担化が試みられる。その際、各従業員に対して担当する職務に必要となる職能の高度化が求められる。このことは、組織構造の再編は人的資源の教育・研修制度を含む人事管理と一体的に行われることの必要性を意味する。組織文化に関しては、経営戦略の遂行に全従業員がコミットしうる文化の醸成が求められる。この点についても、従業員の教育・研修を具体的な手段とすることから人事管理と一体的に実践することが有効となる。ただし、組織文化の操作性は組織構造に比して高くはなく、臨機応変に新たな組織文化を醸成することは容易ではない。そのため、中長期的な視点からの取り組みが必要になる。

補論　組織変革論と組織文化論に関する若干の補足

ここでは、補論として本論が依拠する理論的枠組みを確認しておく。

（1）組織変革論

組織変革は一律的に定義されているではなく、各研究者の研究目的に沿っての定義が行われている。ただし、分析方法としての整理は試みられている。例えば、板東（2018：pp.2-3）は国内の研究者を中心に14の定義を取り上げ、その整理において「組織変革は、変化、行動もしくは活動、仕組み、手段、プロセスとして定義されている」ことを示している。変革要素についても一律的に定義されてはおらず各組織変革の定義に基づき分析対象化されている。例えば、古田（2012,2013）は既存研究のレビューから組織変革の対象である組織内の要素として、Armenakis & Bedeian（1999）は「戦略」「構造」「業績」の三つを、Romanelli & Tushman（1994）は「戦略」「組織構造」「組織文化」「パワー」「コントロール・システム」の四つを、Nadler&Tushman（1989）は「戦略」「仕事」「人材」「公式構造」「非公式構造」の五つを、それぞれ取り上げているとしている。

一方、山岡（2012）は組織変革の次元として三つ「活動内容の変革」「活動の束ね方の変革」「共通目的の再定義」を示している。既述の本論における組織変革の定義「組織の構造的要素の操作」は、山岡の3つの次元区分における二番目の「活動の束ね方の変革」に近い概念である。山岡（2012：p.366）は、「活動の束ね方の変革」について「･･･組織構造や組織プロセス、組織文化、あるいは管理者による公式権限の行使やリーダーシップなどを通して、意識的に調整され統制されることを意味する。」としている。本論がこのような接近方法をとる理由は、農業経営学において機能的要素を対象とする研究の進展に対して、構造的要素を対象とする研究が追いついていないと考えるからである。両要素の相互適合関係を視点とする農業経営体における総合的な環境適応を研究するためには、構造的要素を視点とする理論構築を早急に図る必要があると考える。

（2）組織文化論

これまで農業経営学に明示的に導入されてこなかった組織文化は、組織構成員の意思決定の基盤となる構造的要素として組織の安定化に機能するとされる。

組織文化論を代表するシャイン（1989：p12）は組織文化を「ある特定のグループが外部への適応や内部統合の問題に対処する際に学習した、グループ自身によって、創られ、発見され、また発展させられた基本的仮想のパターン」であると定義する。その上で、「文化はグループ内の一定レベルの構造的安定を意味する。」ことに加えて、「グループの最深部の、ほとんどの場合無意識の部分を占めており、･･･ 不可視的な存在となる。・・・何かが深く定着しているときには、それが安定性を増すことに貢献している･･･。」ことを指摘し、組織文化を組織構成員全員の基本的前提認識と位置づけている。同時に、そうであるが故に、「基本的前提認識を変えるという意味での文化の変革は、きわめて困難であり、時間がかかり、きわめて大きな不安を呼び起こすプロセス（であり）･･･、組織文化を変革することを目指すリーダーにとって理解しておくべきとくに重要な点ともなる」（シャイン 2012：pp19-39）とする。

このような組織の構造的要素である組織文化が経営成果に与える影響に関する研究について、北居（2014）は既存業績の整理により「強度アプローチ」と「特性・類型アプローチ」を導出し比較検討を行っている。その結果、組織文化が経営成果に与える影響のロジックとして「組織の価値観や行動規律を共有することで、メンバーの柔軟なコントロールが可能になり、同時に高いモチベーションを引き出す」としつつ、加えて、組織文化の新たなモデルとして「組織学習や知識創造を促進するインフラストラクチャー」としての機能を指摘する。（北居 2014：p113）また、経営成果と有効に結びつく組織文化特性に関して、「特性・類型アプローチ」の競合価値フレームワーク CVF[8)] を用いた研究において発見された事実を要約している。具体的には、良好な成果をもたらす組織文化として「外部志向の文化」と「目標達成を強調する文化」を、従業員のモラールや内部プロセスを向上させる組織文化として「内

8）CVF において組織文化は「内部重視と統合」←→「外部重視と差別化」および「安定性とコントロール」←→「柔軟性と適応性」という二つの評価軸により、「クラン」「アドホクラシー」「マーケット」「ヒエラルキー」の四つに類型区分される。（北居 2014：p75-77）

部の柔軟性を強調する文化」を、有効では無い文化として「内部の安定性を志向する文化」を指摘し、組織文化と経営成果の結びつきを指摘する。（北居 2014：p115）

Ⅲ　農業経営体における組織変革

経営戦略の遂行に向けて人的資源の規模拡大と多様化が進む農業経営体において、環境適応を有効なものとするためには組織の構造的要素と機能的要素の相互適合を図ることが有効かつ必要性であることを述べた。では、農業経営体はどのように組織変革を行うことになるのであろうか。実際の農業経営体における組織変革は、個々の経営を取り巻く諸条件により様々な形態をとるであろう。ここでは経営類型毎の詳細な検討を行うことはせず、一般論的な方向性を示すことにより、農業経営学に組織変革論を導入することの見通しとしたい。

まず、組織構造に関して、例えば、事業規模の拡大に対しては規模の経済を享受しうる分業化・専門化と階層化が検討される。具体的には、品目毎、生産工程毎、職能（生産、販売）毎といった区分での分業化が進展することになる。事業の多角化を伴う場合には、事業毎に人的資源の適合性を踏まえた適材適所の配置が必要になる。さらに、複数の事業を束ねるより高度な管理部門の設置が必要になる。

もう一つの構造的要素である組織文化に関しては、経営戦略との適合する文化が選択され醸成が試みられることになる。例えば、既述の競合価値フレームワークの区分（「脚注8)」を参照されたい。）を用いれば、「クラン」「アドホクラシー」「マーケット」「ヒエラルキー」のいずれの文化が新たに策定した経営戦略の遂行において良好な成果をもたらすかが検討される。不適合な文化が組織に根付いていることが確認されれば、その排除が必要になる。ただし、シャインが指摘するように古い組織文化を新たな組織文化に変革することは容易ではなく、かつ時間が掛かる。また、組織の性質あるいはステークホルダーとの関係において、新たに選択した組織文化が組織内外にコンフリクトを派生することがある。これらのことは、組織文化を視点とする環境適応には長期的および組織の外部を含めた全方位的な視点での検討が必要であることを意味する。この点で、組織変革の第一歩として、企業形態の変更すなわち法人化により組織員の意識改革を図る取り組みは比較的容易であり、多くの農業経営体において見られる。組織構造を整えることから始め、次いで組織文化の選択・醸成に取り組みことが、農業経営体における組織変革の一般的な実践手順となっている。

Ⅳ　地域農業組織における組織変革

前節では、農業経営体一般を想定し、農業経営の成長・発展の下で組織変革に取り組むことの必要性、有効性を検討した。一方、地域農業における共同活動の主催主体となる中間組織体である地域農業組織では、環境適応として組織構造の操作に取り組んできた。そのような活動に対して、農業経営学において理論的・実証的分析が蓄積されてきた。例えば、集落営農における二階建て組織（楠本：2005）の形成に関わる研究成果は、組織変革における組織構造の再編の方向性と効果を解明するものである。また、農事実行組合等の農業組織の機能が低下し地域農業の経営に機能不全が生じている地域において、その経営主体の再編に関する理論構築が試みられている（伊庭2017）。その中で、農業経営体と地域農業組織の二つの次元における環境適応の整合化を図りうる地域農業組織の組織構造の変革の必要性と有効性が明らかにされている。これらの研究は、組織変革論による接近として位置づけることができる。

ただし、地域農業組織の組織変革に関する研究は、組織構造の変革を対象としての分析が主であり、明示的に組織文化論を用いた接近は見当たらない。そのため、地域農業組織を対象として、組織構造と組織文化の両要素を整合的に変革することの研究は、早々に取り組むべき課題であると考える。なぜなら、近年では農業者や農地所有者、さらにはステークホルダーとしての非農家住民といった多様な主体を包含する地域農業組織において、地域農業を維持することへの関心が急速に低下している地域が少なくないからである。このような地域では、地域農業維持のための戦略の効果も低下しつつあり、その是正のためには関心の醸成を図ることがまずもって必要となる。この点で、伊庭（2012）が提示した「集落営農のジレンマ」への対処として、組織文化論からの接近は有効であると考える。地域農業組織の組織構造の再編によりジレンマ的な状況が生じた場合、その改善は容易ではない。地域農業の維持に対する関心を組織文化として醸成した上で、地域農業組織の再々編を検討すべきである。例えば、地域農業の維持に関わる負担を、そのことから得られる誘因とバランスしていることを条件として、関係する主体間に配分する組織構造への再々編が検討されるべきと考える。

なお、この問題は、どのような主体が地域農業組織の変革を遂行しうるか、すなわち誰が地域農業の経営主体になりうるかという問題としても検討することが必要である[9)]。なぜなら、組織変革には様々な抵抗が生じる場合が少なくはなく、変革主体＝経営主体のリーダーシップのあり様がその抵抗への対処方法を規定するからである。地域農業組織において組織内に変革に反対する抵抗勢力が現れ組織変革を滞らせる活動が顕在化するのは、変革後の組織に対する組織構成員の不安を変革主体が払拭できない場合である。この点に関して、古川（2016：p15）は組織変革にブレーキをかける抵抗が生じる要因として「組織慣性」や「組織文化」による現状維持への志向性を挙げる。加えて、山岡（山岡 2012：pp.15-16）では当該組織の環境適応機能の優劣を指摘する。したがって、変革主体には、変革に関する知識だけではなく、組織構成員の総意をまとめるリーダーシップが求められるのである。各々が経済的に独立した主体である組織構成員からなる地域農業組織において抵抗勢力を抑制しつつ組織変革を実践するためには、高い効果を得ることが可能であり、かつ、総意を形成しうる組織変革案が組織構成員に提示され、受容されることが必要になる。このことは、組織変革論を農業経営学に導入するに際して、我が国農業に特有の地域農業組織を分析するための独自性を組み込むことを求めるものである。

9）なお、近年では、地域農業の維持に向けて組織変革を実践する機能を充足する主体の有無自体が問題化している地域が増えている。（伊庭：2017）

加えて、以上に示した地域農業組織に関する分析に組織変革論を導入するにあたり、プロセス研究[10]を組み入れることが重要となる。なぜなら、環境適応として実施する組織変革が高い成果を生み出しえるか否かは、組織変革のプロセス要因（「誰が（変革主体）」、「何を（変革要素）」、「どのように変革するか」）の組み合わせに依るところが大きいからである。換言すれば、「如何に組織変革を行うべきか」という課題について、「プロセス要因をどのように組み合わせるべきか」という経営管理問題として取り扱うことにより、その操作性を高めることが可能となる。

V　結語

本論では農業経営の継続と地域農業の維持に関する研究において、農業経営学に組織変革論を導入することの必要性と独自性に関しての検討を行った。その結果、第一に、個々の農業経営体が有する人的資源の規模が小さい場合には環境適応として組織変革に取り組んでもその費用に見合う効果を得にくいことを確認した。また、家族農業経営体においては、家族として有する文化的背景が農業経営に関わる組織文化に強く影響することにより、その変革をより費用の高いものとするという特徴を指摘した。すなわち、環境適応として組織変革を導入するためには費用対効果が合理的となることが条件となる。その上で、農業経営が成長・発展するに伴い人的資源の増加や多角化が進む農業経営体においては、経営戦略の遂行に適合する組織への変革が必要になることを述べた。第二に、我が国に特有の地域農業および地域農業組織という概念に関係して、農業経営学における組織変革論の独自の展開が必要であることを指摘した。個々の農業経営の成長・発展は、一定の地理的

10）組織変革論におけるプロセス研究に関して、古田（2013）は1980年代、1990年代と2000年以降に時代区分をした上で、「組織変革の段階数」、「Lewin（1947: p 34-35）モデル」の踏襲度合い」、「変革主体・対象の明記」を比較指標として各時代区分におけるプロセス・モデルの特徴を整理している。組織変革におけるプロセス研究は、Lwein（1947）による「現在の水準の溶解 unfreezing the present level」「新たな水準への移行 moving to the new level」「新たな水準の凍結 freezing of group life on the new level」の3段階モデルを基礎として発展してきたことは、研究者間の一致した認識である。

なまとまりにおける地域農業の維持・振興、および非農家を含む農村社会との関係性と強く連関しているからである。

以上より、農業経営の環境適応において農業経営体と地域農業組織の二つの次元が連結された組織変革が求められ、その分析枠組みとなる組織変革論には農業経営学としての独自の展開が必要となる。我が国の農業経営学が生産現場に立脚し実社会への貢献を主眼とする学問であればこそ必然的な試みとなる。

引用文献

Achilles A. Armenakis and Arthur G. Bedeian (1999)."Organizational Change: A Review of Theory and Research in the 1990s". Journal of Management, 25 (3), pp.293-315.

Chandler, A. D. (1967) Strategy and structure: chapters in the history of the industrial enterprise,（三菱経済研究所訳『経営戦略と組織』実業之日本社, 1967年）

長憲次編（1993）『農業経営研究の課題と方向』日本経済評論社

E. H. シャイン（1989）『組織文化とリーダーシップ－リーダーは文化をどう変革するか－』（清水紀彦・浜田幸雄訳）. ダイヤモンド社,（Edgar H. Schein. 1985. "Organizational Culture and Leadership: Fourth Edition", California, Jossey-Bass Inc., Publishers）

E. H. シャイン（2012）『組織文化とリーダーシップ』（梅津裕良・横山哲夫訳）, 白桃書房,（Edgar H. Schein. 2010. "Organizational Culture and Leadership", California, Jossey-Bass Inc., Publishers）

Elaine Romanelli and Michael L. Tushman (1994)."Organizational Transformation as Punctuated Equilibrium: An Empirical Test". The Academy of Management Journal, 37(5), pp.1141-1166.

古田成志（2012）「組織変革メカニズムにおける研究の再整理－コンテクスト研究, プロセス研究, コンテント研究の観点から－」『商学研究科紀要』早稲田大学大学院商学研究科 75, pp13-31

古田成志（2013）「組織変革論におけるプロセス研究の変遷－1990年代までと2000年以降のプロセスモデルを比較して－」『商学研究科紀要』早稲田大学大学院商学研究科 77, pp.15-31

古田成志（2016）「組織変革論における断続均衡モデルの意義と課題：組織変革メカニズムの枠組みを援用して」『中京学院大学研究紀要』23, pp.13-26

H. I. Ansoff (1990), The New Corporate Strategy,（中村元一他訳『最新・戦略経営』産能大学出版部, 1990年）

伊庭治彦（2002）「地域農業組織の多様性と組織再編の効率性に関する分析―インフルエンス・コストを視点とする接近―」『農林業問題研究』147, pp.22-33

伊庭治彦（2012）「集落営農のジレンマ」『農業と経済』第78巻第5号, 昭和堂, pp46-54.

伊庭治彦（2017）「地域農業ガバナンスの再編の論理―コーポレート・ガバナンス論を援用して―」『生物資源経済研究』22, 京都大学, pp.1-12

岩元泉（2006）「家族経営の展開と経営政策」『農業経営研究』第43巻（4）, pp.17-25

岩元泉（2013）「現代農業における家族経営の論理」『農業経営研究』第50巻（4）, pp.9-19

熊谷苑子（1996）「農家家族における個人化」野々山久也・袖井孝子・篠崎正美編著『いま家族に何が起こっているのか』ミネルバ書房
北居明（2014）『学習を促す組織文化―マルチレベル・アプローチによる実証分析』有斐閣
楠本雅弘（2010）『シリーズ 地域の再生 7 進化する集落営農「新しい社会的協同経営体と農協の役割」』農山漁村文化協会
Lewin, Kurt. (1947) “Frontiers in Group Dynamics: Concept, Method and Reality in Social Science; Social Equilibria and Social Change”, Human Relations, 1(5),
Nadler,D and Michael Tushman(1989). "Organizational Frame Bending: Principles for Managing Reorientations." Academy of Management Executive, 3(3), pp.194-204.
日本農業経営学会編（2012）『農業経営研究の軌跡と展望』農林統計出版
小笠原・納口（2010）「家族経営における経営行動と経営管理分担―夫婦の行動原理に注目して―」『農業経営研究』48(2), pp.83-88
大月博司（2014）「組織変革における効率性と創造性をめぐる問題」『北海学園大学経営論集』11(4), pp.29-43
田中秀樹（2006）「グローバル経営における組織文化への序論」『同志社政策科学研究』8(2), pp.245-255
山岡徹（2008),「組織における恒常性と組織変革モメンタムに関する一考察－組織変革の「振り子プロセス・モデル」の構築に向けて－」『経済論叢』181(1), pp.61-83
山岡徹（2012),「組織変革の概念と適応不全の論理」『横浜国際社会科学研究』横浜国際社会科学学会 17(3), pp.1-17
山岡徹（2013),「組織変革における矛盾の創造的マネジメント」『横浜経営研究』(横浜国立大学経営学会 33(4), pp.57-79
八木洋憲（2018）「農業経営における経営戦略論適用の課題と展望」『農業経営研究』56(1), pp.19-33

第一部　農業経営における組織構造変革の実態・要因・効果

第１章　農業経営の組織化の論理
－環境変化への適応に関する理論的検討－

東山　　寛（北海道大学）

１　はじめに

我が国の地域農業は「持続性の危機」に直面している、というのが本論の出発点である。以下では、この持続性の危機をもたらしている最大の環境変化として「地域維持の限界を超えて進む農家減少」の問題をおさえた上で、そのなかで現れている地域農業の特徴的な対応に注目する。具体的には、後継者不在農家が主導する新たな組織形成の動きであり、そのもつ意味合いを理論的な観点も含めて考えることとしたい。分析の対象とする事例は、いずれも北海道の土地利用型農業からピックアップした。

２　環境変化：地域維持の限界を超えて進む農家減少

（１）世代交代期に直面している地域農業①：北海道の全体状況

現局面にあたる2010年代は、かつての1990年代と並んで大きな世代交代期にある。1990年と2010年の２時点について、男子農家世帯員（北海道）の年齢階層別の分布を見ておくと（図１−１）、1990年時点では大きく３つのヤマが形成されていた。

まず､50代後半～60代前半の「昭和ヒトケタ」であり､それに続くのが「昭和20年代生」（いわゆる団塊の世代を含む）、そして1970年代前半生まれの第２次ベビーブーム世代（15～19歳層）である。周知のように、戦後の日本農業を支えてきた「昭和ヒトケタ」のヤマは巨大であり、それに比べると「昭和20年代生」は見劣りすることは否めない。しかし、この層が比較的厚く形成されていたからこそ､北海道農業は1990年代に直面した「昭和ヒトケタ」世代の大量リタイアという問題を何とか乗り切ることができた。言ってみれば「昭和ヒトケタ」から「昭和20年代生」へのバトンリレーに成功したのである。

その上で注目したいのは、そこから20年後の2010年の状況である。2010年になると「昭和20年代生」は50代後半〜60代前半となり、相変わらずのヤマを形成している。しかし同時に、リタイア準備年齢を迎えており、1990年における「昭和ヒトケタ」と同じポジションにある。ところが、かつては農家人口の3つ目のヤマを形成していた第2次ベビーブーム世代は、2010年時点では30代後半に位置づくはずであるが、目立ったヤマを形成していない。

したがって、現局面の2010年代以降を通じて進む世代交代期を乗り切る展望が、甚だ心許ないと言わなければならない。北海道においても、基本的にはこのような全体状況がある。

図1−1　年齢階層別の男子農家世帯員数（北海道）

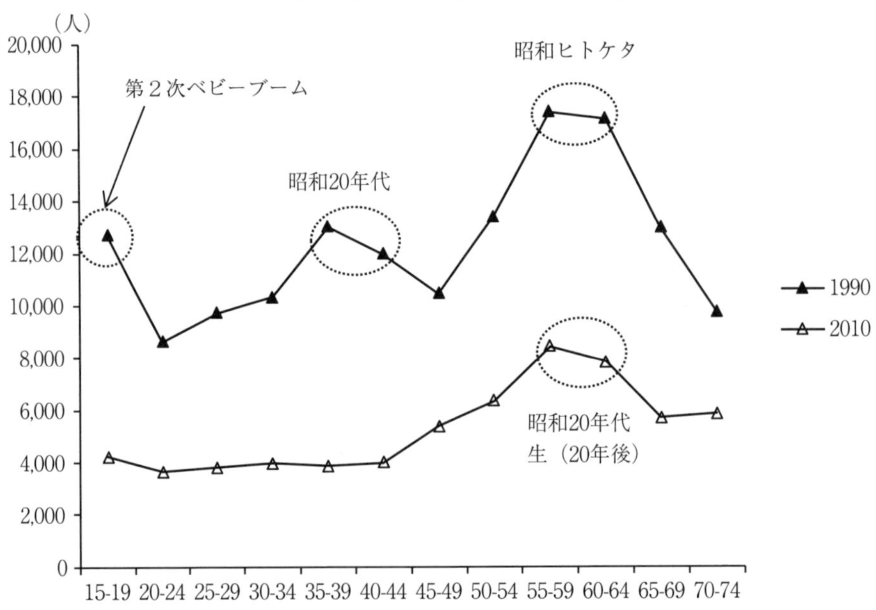

資料：農業センサス
注：1）1990年は総農家、2010年は販売農家の数値。
　　2）1990年の「70〜74歳」の数値は、1995年センサスの掲載値。
　　3）14歳以下と75歳以上は図示せず。

（2）世代交代期に直面している地域農業②：畑作・酪農中核地帯の現状

2015年センサスを用いて、農業者の年齢構成の状況を改めて見ておくこととしたい。北海道の畑作・酪農中核地帯であるオホーツク地域の男子農業就業人口の年齢階層別分布を見ておくと（図示等略）、総数は6,888人であり、最も人数が多い中心年齢層は60～64歳層である。まさに上記の「昭和20年代生」である。それに次ぐのが同じ世代の65～69歳層、さらにその下位世代に当たる55～59歳層となる。このような年齢分布にあるため、北海道の中核地帯といえども農業就業人口の平均年齢は59歳となっている。

次に、センサス統計による男子農業経営者（以下、経営主）は全体で4,205人であり、農業就業人口から経営主を差し引いた経営主以外が2,683人となる。両者の年齢分布を並べて見ておくと（図１-2）、経営主以外は高年齢層と若年層の両端に出てくることになる。

図１-2　経営主･経営主以外の農業就業人口（男子）の年齢構成（北海道オホーツク地域、2015年）

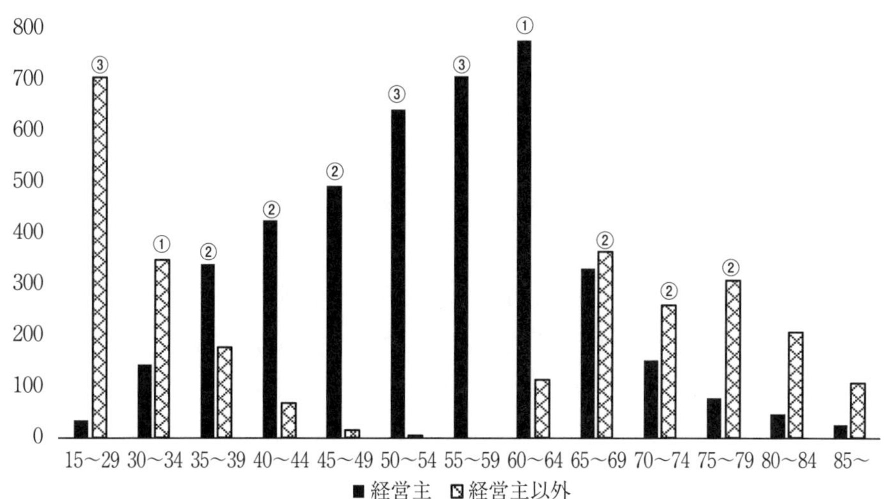

資料：2015年センサス（販売農家の数値）
注：１）農業経営者を経営主、農業就業人口から農業経営者を差し引いた数値を経営主以外としている。
２）丸数字は世代間の繋がりをあらわすもので、意味は本文参照。

ここで見ておきたいのは、世代間の繋がりである。まず、①中心年齢層である60～64歳層の後継者が、ここから30歳を差し引いた30～34歳層のところに確保されているのだとすれば、それは比較的高いヤマを形成しているものの、確保率はおよそ半分というところであろう。次に、②親世代との二世代経営を形成している繋がりについて、経営主は30代後半および40代、親世代はこれに30歳を足し合わせた60代後半および70代に位置づくと見てよい。家族経営として最も充実したステージを迎えている反面、親世代は加齢とともにリタイア期にさしかかっており、それと共に労働力不足問題に陥る懸念が大きい。そして今ひとつ注目しておきたいのは、③50代の経営主が20代の後継者を確保しているという世代間の繋がりであり、このセンサス時点では700人ほどが積み上がっている。ただし、確保率という点ではこれも半分程度に留まっている。最後に、北海道の中核地帯といえども、世代間の繋がりが断ち切られている層が一定数存在しており、経営主が65歳以上の層をひとまず世代交代が困難な層と捉えておく（全体のおよそ15%）。

以上のように、現局面の農業者の年齢構成と後継者の確保状況から見て、さらなる農家戸数の減少は避けられない状況にある。

（3）農家減少の正確な見通し：畑作・酪農中核地帯の予測

同じオホーツク地域のA農協は、2003年に管内8農協が合併して誕生した広域合併農協であるが、2019年に入って管内3ブロック単位で「地域の将来像協議」に着手し、その出発点として積み上げ方式による農家（組合員）戸数の将来予測を示した（表1−1）。

2019年時点の戸数は995戸（農家以外の農業事業体17経営体を含む）であるが、経営主年齢が51歳以上の後継者不在農家がすでに413戸、全体の42%を占めている。ここではリタイア年齢を71歳と仮定し、5年刻みで20年後の2039年までの予測値を示しているが、5年後：862戸（13%減）、10年後：777戸（22%減）、15年後：681戸（32%減）、20年後：582戸（42%減）である。他方、管内の耕地面積はおよそ2万6,000haであり、2019年時点の平均は戸当たり26.4haである。これが5年刻みで拡大していくことになるが、10年

表1－1　農家（組合員）戸数の将来予測（オホーツク地域・A農協）

（単位：断らない限り戸・経営体数）

区分（経営主年齢等）		現状（2019年）	5年後（2024年）	10年後（2029年）	15年後（2034年）	20年後（2039年）
後継者不在	71歳以上	71	0	0	0	0
	66～70歳	62	0	0	0	0
	61～65歳	85	85	0	0	0
	56～60歳	96	96	96	0	0
	51～55歳	99	99	99	99	0
51歳以下＋51歳以上後継者あり		565	565	565	565	565
農家以外の農業事業体		17	17	17	17	17
合計	戸数・経営体数	995	862	777	681	582
	農地面積（ha）	26,248	25,723	25,209	24,705	24,211
	1戸当たり農地面積（ha）	26.4	29.8	32.4	36.3	41.6

資料：A農協作成（2019年6月に組合員へも公表済み）
注：リタイア年齢を71歳と仮定。また、5年ごとに2%の農地減少が生じるとの前提を置いている。

後に平均30haを超え、20年後には41.6haとなる予測となっている（なお、5年ごとに2%の農地減少を織り込んでいる）。

農協はこの予測値を「字区（あざく）」（農事組合に相当する基本的なコミュニティ単位）ごとに示しており（表出等略）、これが「将来像」の検討につながっていく。例えば、ブロックⅠ（西地域）では31の字区があるが、20年後までとると戸数がゼロとなる字区が3つあり、平均が戸当たり50haを超える字区が15、そのうちほぼ100haを超える字区も3つある（農地流動化は字区内で完結すると仮定、以下同じ）。同様に、ブロックⅡ（南地域）では26字区のうち戸数ゼロが2、平均50ha超が8、うち100ha超が2である。ブロックⅢ（東地域）では27字区のうち戸数ゼロが2、平均50ha超が8、うち100ha超が1となっている。農地流動化に関連して、後継者不在農家の保有農地は年齢層が若いほど大きく、2019年時点の管内全体の平均値は71歳以上：10.0ha（戸当たり、以下同じ）、66～70歳：16.8ha、61～65歳：21.5ha、56～60歳：23.1ha、51～55歳：23.2haとなっている（これも表出等略）。時間の経過と共に流動化の単位も大きくなり、受け手のいない農地が発生する懸念も高まる。

繰り返しになるが、ここで示されているのは地域維持の限界を超えて農家減少が進むリアルな見通しであり、その帰結として極端な大規模化や「消滅集落」の発生可能性を含んでいる。

3　後継者不在農家の協働による新たな組織形成

上述した「地域維持の限界を超えて進む農家減少」という大きな環境変化の見通しを受け止めるかたちで、注目すべき対応が現れている。後継者不在農家の協働（cooperation）による新たな組織形成の動きであり、その意味合いを考えたい。以下ではふたつの事例を取り上げる。

第１に、酪農の第三者継承支援組織であり、道内では最も先発かつ先進的な取り組みとして知られる上川北部地域の事例である。第三者継承に依存せざるを得ない状況をもたらしている基本的な背景は、前述した「昭和20年代生」世代のバトンリレーの困難性である。第２に、前述したオホーツク地域・A農協管内で進められている複数戸法人の組織化の事例である。新たな組織形成の背景には、同じく後継者不在問題がある。以下では2019年（調査）時点で設立されていた２法人を取り上げる。

（1）事例①：第三者継承支援組織

北海道・上川北部地域の酪農地帯において、後継者不在の酪農家８戸（会員と称する）が第三者への継承を実現することを目的として、2003年に設立したB組織を事例として取り上げる。B組織は法人格を有していない任意組織で、組織化のエリアは所在する自治体の旧村単位である。設立を主導したのは、上川管内の良質乳生産者として表彰経験（2013年度）もあるトップクラスの酪農家である（設立当時50代前半）。

B組織が構築した就農支援の仕組みは、基本的には「居抜き」型の第三者継承であり、それは次の３つの手順で進められることになっている。①会員農家は年齢の高い順に、順次移譲者となっていく。②継承者（新規参入者）の研修期間は２年とし、１年目は会員農家の全員をローテーションする「巡回研修」、２年目は移譲者のところに絞った「併走研修」とする。③継承者の負担を軽減するため、就農時に北海道農業公社の農場リース事業を利用する。この３つの原則は非常に理に適ったものであり、創設メンバーが考え抜いてあらかじめ設定したものである。B組織で新規参入の実績が生まれると共に所在する自治体の支援も本格的に整えられ、研修生に対する「営農実習助成金」、就農後の「経営安定補助金」など比較的手厚い措置が用意されている。

設立から10数年を経過した2016年（調査）時点の組織の実態について触れておくと、このB組織と関わりをもった農業者は計15名となっていた。内訳は、創設メンバー8名、途中加入が2名（同じく後継者不在）、新規参入者が4名（当時）、研修中の1名（同）である。この時点で4名の新規参入の実績を生み出していた。組織設立以降の継承の実績を改めてまとめておくと、移譲候補となる既存の農業者は途中加入も含めて10名であったが、2016年時点では継承を実現した農業者が4名、継承の途中経過にある農業者が1名、それ以外で移譲候補者として留まっている農業者が1名で、残る4名は継承を果たせずにリタイアしていた。

すべてのメンバー（会員）で継承を果たしたわけではないが、結果的にその半数で継承を実現したことになる。さらに、B組織の所在している自治体調べによれば、旧村に相当する地区の人口は182名であるが（2015年12月末時点）、このうち12％にあたる22名が新規就農者家族であり（研修生家族を含む）、中学生以下の子供（11名）も全員が新規就農者家族であった。地域の人口維持に果たしている役割も大きい。本論で注目している「後継者不在農家の協働による新たな組織形成」の取り組みが生み出した具体的な成果である。

なお、このB組織の活動には地域内への波及効果があり、その後同じ自治体内においてB組織とは別に、一定のエリアを単位とした3つの第三者継承支援組織が立ち上がり（畑作が優勢な2地域を含む）、新規就農支援の活動を継続していることを付言しておきたい。この意味でも、B組織は北海道における第三者継承支援組織の先駆者的な存在である。

（2）事例②：複数戸法人

前述したオホーツク地域・A農協管内で進められている複数戸法人化の事例を取り上げる。農家減少の将来予測値も示しながら、地区（字区）に対して「将来像の検討」を提起しているが、そのひとつの帰結として想定しているのが複数戸法人化である。

前後するが、農協は2014年度の農地中間管理事業（以下、機構事業）のスタートをきっかけにして、大面積を集積する複数戸法人の設立支援を進めてきた経過がある。2019年度から農協の全エリアで進めている「将来像の検討」も、この流れの延長線上にある。そして、2019年末時点で管内には3つの複数戸法人が立ち上がっている。

そのうち、先発のC法人（農事組合法人）は2016年に営農をスタートしており（法人設立は2015年10月）、4年目に当たる2019年は12戸・16名の組織となっている。出資構成員は12名で、1人当たり70万円の平等出資である。経営は普通畑作経営であり、畑作物面積は438haに達する（秋小麦・春小麦・加工用スィートコーン、小豆・高級菜豆、移植および直播ビート、生食用・加工用ばれいしょ）。構成員の農地は中間管理機構を通して法人が一括して集積するかたちをとっている。農協は法人設立の前段で、法人が所在する地区で機構事業の説明会を開催し、その場を利用して地区（字区）の将来予測を示した。それによれば、2015年時点の畑作農家の戸数は16戸、保有面積は477haであるが、10年後（2025年）には9戸に減少、20年後（2035年）には5戸にまで減少し、戸当たり平均は現在のおよそ30haから約100haに拡大すると見通されていた。

法人設立を主導したのは2名の農業者である（現在の法人の役員）。代表をつとめる農業者（設立時50代後半）は当時55haの普通畑作経営で、地域でもトップクラスであったが「このままでは個人経営は立ち行かない」と強く感じたという。結果的に、当面の営農継続を見通していた畑作農家の全戸が参画して、法人が設立されたのである。現在の構成員12名の年齢分布は、60代前半：2名、50代：3名、40代：2名、30代：4名、20代：1名となっている（平均年齢46歳）。50代以上の5戸のうち、後継者を確保しているのは1戸に留まり、後継者不在が2戸、残る2戸は未定である。

構成員以外の常時雇用は4名であり、設立時に60歳を超えていたため出資を伴う構成員とならなかった農業者2名（現時点でいずれも65歳以上）、設立時に採用した事務職員1名に加えて、2年目の2017年に採用した男子従業員（30代、同地区出身）が1名である。法人設立以降も後継者不在の構成員はリタイアしていくため、今後も従業員の採用に取り組み、法人自体の担い手育成機能を充実させることが課題として意識されている。

もうひとつ、管内3法人のなかでもっとも直近に設立されたD法人（同じく農事組合法人）は5戸・7名の組織である。出資構成員は3名で、1人当たり100万円の平等出資である。年齢構成は先のC法人より高く、60代：2名、50代：2名、40代：1名である（平均年齢58歳）。設立時に60歳を超えていた2名は出資を伴う構成員ではないが、以下では実態を踏まえて同列に扱う。50代以上の4戸は、現時点でいずれも後継者不在である。法人の設立は2019年6月であり、これも「将来像の検討」にやや先立ったプロセスがある。

法人の設立に際して農協が示した地区（字区）の将来予測では、2017年の19戸が5年後には12戸、10年後には11戸、20年後には7戸にまで減少することが見通された（この時点ではリタイア年齢を65歳と仮定）。戸当たり面積は2017年当時が平均34haであるのに対し、5年後には早くも50haを超え、20年後には92haとなることも示された。設立のプロセスにおいて、地区の全戸（19戸）に参加が呼びかけられたが、前向きな姿勢を示したのは9戸、最終的にそこから4戸が離脱し（うち2戸は高齢であることが理由）、結果的に5戸で法人を設立した。代表は50代前半の農業者が務めるが、個人経営時代はおよそ50haの普通畑作経営であり、この農業者も地域のなかではトップクラスである。

2019年の経営面積はおよそ160haであり、水稲（もち米）に加えて畑作4品（秋小麦・春小麦、大豆・小豆、移植および直播ビート、生食用・加工用ばれいしょ）、ニンジン（加工用）および青シソを作付けしている。特徴的なこととして、設立と同時に20代の男子従業員を雇用しており（関西出身）、2020年からまた新たに30代の男子従業員を採用する予定である。創業メンバーの年齢層が比較的高くなっているため、世代交代へのプレッシャーは先のC法人より強い。法人は定年年齢を70歳に定めており、従業員の定着と育成が順調に進むならば、今後数年の間に最初のバトンタッチが行われることが見通される。いずれにしても、本論の着目点である「後継者不在農家の協働による新たな組織形成」の成果は、複数戸法人の設立当初からの外部人材の確保というかたちで実を結びつつあり、法人組織内部での円滑な継承が進められることが期待される。

（3）新たな組織化の特徴

以上、見てきたように、地域維持の限界を超えて農家減少が進むというかつてない事態が進行しつつある下で、後継者不在農家の協働による新たな組織形成が進められており、地域農業の「持続性の危機」に対処しようとする動きが生まれていることを述べてきた。

ここで中心的な役割を果たしているのが、地域のなかでもトップクラスの農業者であることも特徴的である。彼らはそれぞれ旧村（B組織）、字区（C・D法人）という特定のエリアを単位とする組織を立ち上げており、そこに参画しているメンバーも同一エリア内である。ここでは、最初のエリアを超えた「広域化」の発想はない。

その上で、彼らは地域維持に対して並々ならぬ情熱をもったリーダーである。組織理論のパイオニアであるバーナードは「組織の発生方法」のひとつとして「ある個人の組織しようとする努力の直接的な結果」を挙げているが（バーナード、1968：p.106）、今進められている組織化はまさにこれに該当するだろう。このプロセスにおいて、リーダーは「目的をいだき、それを定式化し、これを他人に伝えて自分と協働するように仕向ける」のである（前掲書：p.107）。

バーナードは「組織の要素」（成立条件）として「伝達（communication）」「貢献意欲（willingness to serve）」「共通目的（common purpose）」の３つを挙げるが（前掲書：p.85）、このうち最も重要な要素は「共通目的」である。良く知られているように、バーナードは組織に参加する個人の目的・動機と、協働の体系である組織の目的を区分することの重要性を繰り返し強調し、ここから有名な「有効性（effectiveness）」と「能率（efficiency）」という概念が引き出されてくる。そもそも、個人ではなし得ない何らかの目的があるからこそ協働が成立するのであり、実現可能かつ容認し得る共通目的なしには、組織に参加する諸個人の貢献意欲を引き出すことはできない。また、伝達（コミュニケーション）の機能は、組織が有する調整メカニズムを担うことであるが、共通目的を構成員に周知し、共有を図ることも伝達の役割である。

本論で着目した組織の共通目的は、いずれも「地域維持」に置かれているように思われる。共通目的は必ずしも明文化されているとは限らないが、事例組織のうちＢ組織とＣ法人について、関連する文書を示しておく（表1−2）．酪農の第三者継承に取り組むＢ組織は、共通目的を「これまでつくりあげた牧場を意欲のある人に引き継いでもらい、Ｂ地域での営農活動を継続させたい」という言葉で表現している。リーダー農家を含む後継者不在の８戸がこの目的を共有し、協働的努力を開始したのである。大規模畑作を展開する複数戸のＣ法人の場合は、組織の「綱領」というかたちで共通目的を明確化している。その中で自らを「地域の中心的な団体」と規定しつつ、「地域農業の維持と発展」を第一の目標に掲げている。

本論は、地域農業の「持続性の危機」を問題とするところから出発した。危機の引き金になっているのは「地域維持の限界を超えて進む農家減少」の見通しであり、事例組織の活動の出発点もそこにある。その下で「地域維持」

表１－２　事例組織の共通目的

Ｂ組織	・道内はもとより、ここＢ地域においても酪農家戸数は目に見えて減少してきており、このままでは酪農の衰退は避けることができない現実となっていた。 ・また、Ｂ地域には数戸の後継者が酪農経営を行っているが、将来的には更なる減少が見込まれ、地域内での交流や農作業等の助け合いもできなくなる。農業生産の基盤や地域活動は、若い農業者や後継者がその地域に数多くいてこそ、生産性の向上が図られて地域が活性化するのである。 ・そのうえ、この地で営農している酪農家の土地や施設、機械をはじめ、何よりも長年培ってきた技術、知識、経験がすべて失われてしまう。 ・そこで、これまでつくりあげた牧場を意欲のある人に引き継いでもらい、Ｂ地域での営農活動を継続させたいという想いがあった。 ・平成14年９月から、組織立ち上げに向けての勉強会や視察などを行ったのちに、平成15年５月に当会を設立し、居抜きによる経営継承を８戸の農家で活動を開始した。
Ｃ法人	・私たち、Ｃ法人組合員は、安定した農業経営を目指し、地域農業の維持と発展を重視し、地域の活性化に努めます。 ・私たち組合員は、一致団結のもと、地域の中心的な団体として、地域性を活かした農業への取組みと、構成員共同の利益の確保、また担い手としての経営形態を築き、農業を通じて雇用を創り出し、地域に根ざした活動の推進に努めます。

（資料）Ｂ組織は「設立10周年記念誌」（2013年）、Ｃ法人は2019年調査時に収集した「Ｃ法人綱領」による。

を共通目的とした新たな組織化が進められている。「地域維持」は幅広い内容を含むであろうが、事例組織の共通目的をブレイクダウンすれば「生産基盤の保全と継承」になる。このことが前面に出てくるのは、差し迫った課題であるからに他ならない。それに結びつく手段として、第三者継承支援や複数戸法人の組織化が選択されていると言えよう。

以上のように、現局面における地域農業の「持続性の危機」への対処は、農業経営の新たな組織化というかたちで進められている。ここでは伝統的な組織理論（バーナード）を参照しながら記述したが、実態分析を通じて、①後継者不在農家による卓越したリーダーシップの下で組織化が進められていること（組織の発生方法）、②地域維持を共通目的とし、最重要の下位目的として「生産基盤の保全と継承」が置かれていること（組織の要素）、の２点をあらためて確認しておきたい。また、同じく事例組織に共通する事実関係として、③一定の地域を範域として組織化が進められていること（エリア性）、④酪農または普通畑作といった同一の経営形態から成る組織を形成していること（メンバーシップ性）の２点を付け加えておく。これらの諸点が、現局面における新たな組織化を特徴づけることになるだろう。

４　組織の存続問題に関する考察：複数戸法人を中心に

最後に、本論で着目した「第三者継承支援組織」と「複数戸法人」という二つの組織の存続にかかわる問題を考察しておきたい。まず、酪農の第三者継承支援に取り組むＢ組織の場合は、前述したように移譲候補者の数は限られており（調査時点で１戸のみ）、会員農家の継承等がすべて実現すれば、組織は当初の目的を達成したことになる。この段階で、組織は「活動停止」ないしは「消滅」という選択肢を取ることも十分にあり得る。

他方の複数戸法人（Ｃ・Ｄ法人）の場合は、言ってみれば地域農業の「最後の担い手」であり、そのような選択肢はもとより想定されていない。伝統的な組織理論（バーナード）では、組織の存続を規定するのは先述した「有効性」（組織目的の達成度合い）と「能率」（組織に参加する個人の満足度）であり（岸田、2006：p.15）、後者は「誘因」（組織が提供）と「貢献」（個人が提供）のバランスを調整する組織均衡の問題として議論されてきた（高尾、2019：p.39)。

以下では組織均衡の問題を念頭に置きながら実態分析を行うが、長期存続している事例の方が対象として適しているため、前節と同じオホーツク地域に所在し、設立から20年を経過して世代交代を順調に進めつつあるモデル的な複数戸法人（E法人）を取り上げる。以下は同じく2019年（調査）時点の認識である。

（1）事例法人の概要

E法人は1999年4月に有限会社形態で設立された複数戸法人で、出資を伴う構成員は現在も変わらず4戸である。1戸当たり15口の平等出資で設立され、現在も基本的には変わっていない[1)]。タマネギを導入した畑作経営になっており、創業時は170haであったが、その後やや拡大し、2019年時点は200haになっている。2019年の作付けは、畑作4品（秋小麦・春小麦、菜豆、移植・直播ビート、加工用ばれいしょ）に加えて、タマネギ（全面積の1割程度）となっている。

創業時のメンバー4名のうち、設立時から代表を務めていたE1農家（60代後半、以下断らない限り2019年時点）はすでに引退しており、2006年に離職就農のかたちでUターンしてきた娘婿（40代前半、当時20代後半）が持分を継承して構成員となっている。現在、代表を務めるE2農家（60代前半）には後継者がおり、2011年に同じく離職就農のかたちでUターンしている（40代前半、当時30代前半)。創業メンバーであるE3農家（50代後半）については、2017年に甥にあたる青年が離職して法人に就農し（30代後半、当時30代前半)、E3農家の継承者のポジションにある。最後に、創業メンバーのなかで最年少のE4農家は、40代後半の現役農業者である。

そして、前後するが、このE法人には同じ地域内で個人経営を継続していた農家が2015年に新規加入しており（40代前半、当時30代後半)、近いうちに出資構成員となることが予定されている（2019年末時点)。このように、法

1）後の分析との関係で、出資1口（特例有限会社においては1株）当たりの金額の表記は控える。

人設立以降に4名の青年層が新たに加わっており、30代・40代が5名と厚い層をなしている（男子農業従事者7名の平均年齢は46歳)。整理すると、法人設立以降に①他出子弟のUターン、②外部人材の雇用就農、③既存農家の新規加入という3つのルートで、青年農業者の確保が行われている。本論で着目している「後継者不在農家の協働による新たな組織形成」の一形態としての複数戸法人の目指すところは、まさにこのE法人のような青年農業者の確保と円滑な世代交代の実現にある。

（2）複数戸法人の存続問題

ただし、このような後継世代の確保と並行して、法人経営の改善、端的には収益の拡大が図られる必要がある。このことは、先述した組織による「誘因」の提供にかかわる問題である。

この点がE法人の場合、どのようなかたちで進められたのかを見るために、設立時(1999年)から2019年(調査)時点までの21年分の財務諸表を参照して、法人が支払っている人件費(役員報酬を含む)に着目した整理を行った(図1−3)。

法人が支払っている役員報酬（総額）は、設立3年目から現在に至るまで一定の水準で変わっていない。これは、設立時の4家族に対する「基本給」の意味合いを持っている。これに対して、役員報酬以外の人件費（給与等）は一貫して上昇しており､図示したように10年目を100とした指数で見ても、それ以降の10年で1.6倍に増加している。そして、この役員以外の給与等の伸びが、法人経営の収入の拡大とほぼパラレルな動きを示している。収益の拡大をもたらしたひとつの要因は、設立3年目から一定の規模を耕作するようになったタマネギの作付拡大であり、2007年（9年目）に5ha、直近の2019年（21年目）にも再び5haの追加的拡大を行っている。このタマネギの作付拡大の度に、法人の収益はワンランク上のレベルに引き上げられてきたことが見て取れる。

複数戸法人が青年農業者を受け入れて、世代交代を実現していくプロセスにおいては、この「右肩上がりの人件費」の問題に対処することが必要である。加えて、継承という観点からは今なお、ふたつの問題を指摘しておかな

図1－3　法人の収入と人件費の推移（10年目を100とした指数）

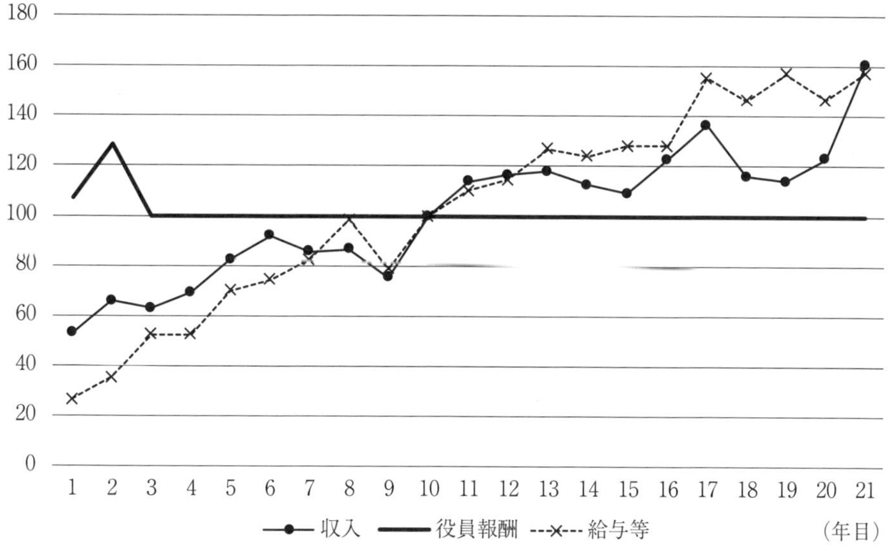

資料：E法人の財務諸表によって作成。
注：収入は売上高と営業外収入の計、給与等は給料手当と賞与の計。

ければならない。

ひとつは、法人の株式の継承にかかわる問題である。言うまでもなく、農業法人（農地所有適格法人）は非公開会社であり、株式の評価が定まっているわけではない。その場合は「取引相場のない株式」として評価することになるが、その評価方式は「原則的評価方式」か「配当還元方式」のいずれかを採用することになる（森・西山、2021：p.153）。ここでは、一般的に適用される前者を念頭に置くが、その際に用いられる指標のひとつが「純資産価額」である。実際の評価で用いられる純資産価額は、貸借対照表の純資産（自己資本）と必ずしもイコールではないが、E法人の総資産と純資産の動きを確認しておきたい（図1－4）。

図 1－4　法人の総資産と純資産の推移（10 年目を 100 とした指数）

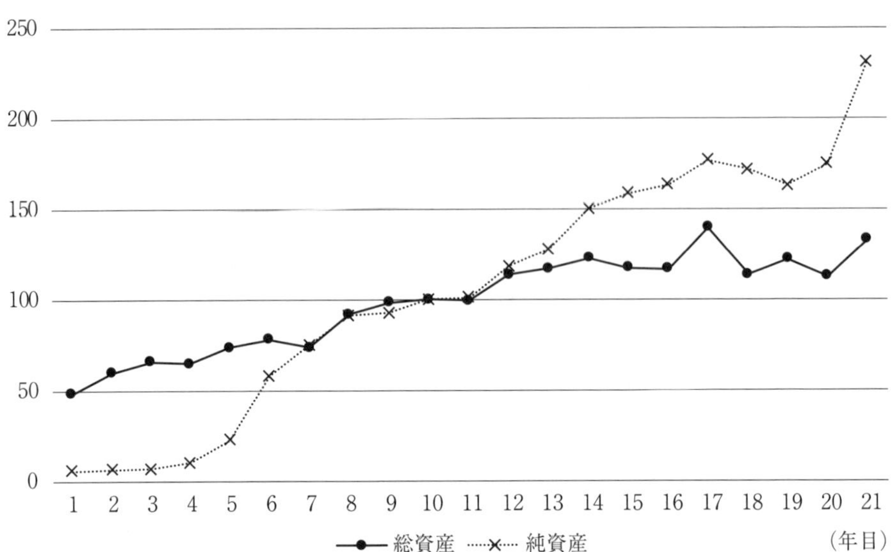

資料：E 法人の財務諸表によって作成。
注：純資産は資本金、利益剰余金の計であり、農業経営基盤強化準備金を含まない。

ここでの純資産は資本金と利益剰余金の合計であるが、E 法人の資本金は設立以来、一貫して変わっていない。したがって、図示したような純資産の伸びは、年々の当期利益を純資産に繰り入れていることによる。同じく 10 年目を 100 とした指数で見ても、総資産はそれ以降の 10 年で 1.3 倍の伸びであるのに対し、純資産は 2.3 倍に伸長している。この純資産の蓄積が、額面に比べて相対的に高額となる株式評価額をもたらすことになる。そしてこのことが、法人の創業メンバーから次世代への継承を図る際の新たなハードルとして浮上している[2)]。

もうひとつは、農地の継承と農地所有にかかわる問題である。前述したように、E 法人の場合も複数のルートで後継世代を確保しているが、その結果

2）農業法人の自社株の継承問題に焦点を当てた代表的な先行研究として、迫田（2009）がある。ここでは、アグリビジネス投資育成株式会社（アグリ社）を活用するスキームが紹介されており、参考になる。

として、法人の構成員の出自は多様化せざるを得ない。特に外部人材の場合、出資構成員になる上で農地取得が必ずしも要件化されているわけではない。その場合、農地を保有（相続）する農家子弟と、農地をもたない「土地なし構成員」が生まれることになり、このことは収益の分配にも関連することも想定される[3)]。このような事情も考慮して、E法人は将来的に構成員の農地をすべて取得（購入）して、法人有地とする方針が組織内で共有されており、すでに一部が実施に移されている。いずれにしても、創業時とは異なり、この「出自多様化」は時間の経過と共に、複数戸法人の新たな特徴として付け加わる。このことに対応した農地の継承と、先述した法人の自社株の継承をどのように図れば良いのかは、今後に残された課題である。

5　おわりに

以上、本論で述べてきたことをまとめておきたい。第1に、現局面に当たる2010年代以降は、地域維持の限界を超えて農家減少が進行する懸念があることを指摘したい。北海道といえどもその帰結として、極端な大規模化や「消滅集落」が生じる可能性を否定できない。地域農業の持続性の危機を問題にしなければならない局面である。第2に、農業経営の新たな組織化を通じて、こうした危機的状況に対処しようとする動きが生まれていることである。本論では特に、後継者不在農家の協働による新たな組織形成に注目した。これらの組織活動が、第三者継承の支援や畑作地帯の複数戸法人化などの新しい動きを生み出していることにも注目したい。第3に、本論では新たな組織活動に取り組む主体を、経営学で言うところの「組織」として捉えることにした。こうしたアプローチを通じて、後継者不在農家の卓越したリーダーシップによって組織化が進められていること、また、組織の共通目的が「地域維持」であり、その最重要の下位目的が「生産基盤の保全と継承」である

3）E法人の農地保有は、法人有地、構成員保有地の借り入れ、構成員以外からの借り入れの3つに区分される。借地について、構成員以外からの借り入れは賃貸借であるが、構成員との間は使用貸借（無償）になっており、現時点では構成員保有地の多寡が分配に影響を及ぼす関係にはなっていない。

ことを指摘した。最後に第４に、こうした組織活動の評価は、相応の時間軸をとって行う必要があることである。特に複数戸法人は地域における「最後の担い手」であり、組織の長期存続を求めなければならない。本論では農業法人組織が時間の経過と共に抱える課題を３点にわたって検討したが、こうした面の研究はまだまだ手薄であり、今後の蓄積が求められる。

引用文献

チェスター・I・バーナード（1968）『新訳 経営者の役割』（山本安次郎ほか訳）ダイヤモンド社.
岸田民樹（2006）『経営組織と環境適応』白桃書房.
森剛一・西山由美子（2021）『農業経理士教科書 税務編（第６版）』大原出版.
迫田登稔（2009）「稲作を基幹とする農企業における『非農家型経営継承』プロセスの分析：(株)六星におけるケース・スタディ」『農業経営研究』47(2)：1-17.
高尾義明（2019）『はじめての経営組織論』有斐閣.

第２章　組織変革は農業経営の効率性を高めるか？
－稲作単一経営の法人化を対象に－

藤栄　　剛・仙田　徹志

1　はじめに

農業経営の主流が家族経営であることは、世界的に普遍の現象である。国連が2014年を国際家族農業年に制定したように、わが国のみならず、家族経営は世界の農業経営の主要な形態であり続けている。FAO（2013）は、家族と農業経営は経済的、環境的、社会的、文化的機能を通じて共進化の関係にあるとする。家族経営が農業経営の主流として存在し、組織変革を図らずに家族経営体として存続する理由について、Allen and Lueck（1998）は、家族労働は農業経営の残余請求者であるため、モニタリングコストが小さくて済むことをあげ、家族経営の優越性を論じている。これは、作業の空間的分散を伴う特質をもつ農業では、雇用労働のモニタリングに多くのコストを要するためである。このように、家族経営の優越性は、組織内の取引費用と関連している。また、技術進歩の観点から、荏開津・鈴木（2020）は、土地利用型農業では、技術進歩の速度が農地集積の速度を上回るため、家族経営が有利な組織形態であるとする。先行研究は、法人経営など他の経営形態に対する家族経営の優越性を指摘する。

しかし、家族経営にはいくつかの課題がある。たとえば、家族による営農は、怠惰な作業や未熟なスキルを容認・許容することがあり、これは農業経営の効率性を低下させる要因になりうる。また、必要とされる農業技術やスキルの迅速な調達が困難であるという課題もある（たとえば、Pollak, 1985）。このため、土地利用型農業において、家族経営が法人経営など他の経営形態に比べて効率的な組織であるとは、アプリオリには言えない。また、わが国の農業経営について、効率性の面から、家族経営が他の経営形態よりも優れていることを検証した研究は、ほとんどみられない。家族経営の優越性に関する実証研究は不足している。

さらに、わが国では組織変革を図り、法人化する経営体が増加傾向にある。『農林業センサス』によれば、法人経営体数は約2.2万経営体（2010年）から約3.1万経営体（2020年）へと、着実に増加している[1)]。土地利用型農業においても、法人経営体は増加傾向にあり、稲作単一経営の法人経営は2005年の1,265経営体から2015年の3,048経営体へと増加している。しかし、従来、家族経営の優越性が指摘されてきたなかで、法人経営が増加する理由は明らかにされていない。法人経営が増加した背景として、家族経営の優越性が失われた可能性や法人経営の優越性が高まった可能性が考えられる[2)]。

2020年の本学会シンポジウム「農業経営学における組織変革論の必要性と独自性」において、藤栄（2020）は、組織変革の一手段である法人化を対象に、法人化が農業経営にもたらすインパクトを検討した。そして、法人化は農産物販売金額の増加に加えて、6次産業化の取組や雇用の促進をもたらしたことを明らかにしている。こうした組織変革の目的の一つとして、組織変革を通じて経営の効率性を高め、経営の継続性を確保し、組織の存続を図ることがあげられよう。しかし、組織変革が農業経営の効率性にいかなる影響を及ぼすのか、また、組織変革を図った経営体と変革を図っていない経営体の間の効率性格差を定量的な観点から検討した研究は、わが国においてほとんどみられない。

そこで本論では、組織変革の一手段としての法人化に着目し、稲作単一経営を対象に、法人経営と家族経営の効率性比較を通じて、家族経営の優越性を効率性の面から考察するとともに、組織変革の一手段としての法人化が農業経営の効率性を高めうるかを検討する。具体的には、農林水産省『農業経

1）2020年の『農林業センサス』では、調査対象の属性区分が変更された。具体的には、2015年センサスの区分は家族経営体と組織経営体であったが、2020年センサスでは、法人化している家族経営体と組織経営体を統合し、非法人の組織経営体とあわせて団体経営体として整理されている。また、非法人の家族経営体は個人経営体として整理されている。

2）むろん、こうした可能性以外にも、政府による各種の法人化推進施策も関係していると思われる。

営統計調査』の個別結果表（個別経営・組織法人）を用いて、データ包絡線分析（Data Envelopment Analysis、以下 DEA）による効率性の計測や効率性の要因分析、さらに傾向スコアマッチング（Propensity Score Matching、以下 PSM）による法人化の効率性へのインパクトの把握などを通じて、効率性の面から家族経営の優越性や法人化による組織変革が農業経営にもたらすインパクトを検討し、組織変革と農業経営の効率性との関係を検討する。

本論の構成は次のとおりである。**2**では、本論で用いるデータについて述べる。**3**では、DEA によって各農業経営体の効率性を計測し、法人経営と家族経営の効率性比較を行うとともに、効率性の決定要因を検討する。**4**では、法人化が効率性にもたらすインパクトを PSM によって検討する。そして最後に、本論で得られた主な結果と残された課題を述べる。

2　データ

本論では、農林水産省『農業経営統計調査』（以下、『農経調』）の個別結果表を用いる。『農経調』は、農業経営体の経営収支等を調査することで、農業所得、農業粗収益、農業経営費や農産物の生産費等を把握することを目的とした調査である。世帯員の状況、農業および農業生産関連事業労働時間、土地面積、主要固定資産、農業粗収益、農業経営費や農外収入など、農業経営に関わる詳細な調査項目があり、農業経営における投入（たとえば、水稲作付面積や労働時間）や産出（たとえば、稲作収入）に関する調査項目も含まれる。また、『農経調』は、作物別、作付規模別、飼養頭数規模別に『農林業センサス』の結果を母集団として、調査対象の経営体が抽出される抽出調査であり、経営体による現金出納帳及び作業日誌への記帳と職員による面接・聞き取り方式によって作成されている（齊藤，2013）。

分析には、『農経調』の 2004 年から 2014 年の個別結果表を用い、稲作単一経営を対象とする。なお、『農経調』の個別結果表には、経営類型に関する情報が存在しない。このため、米の販売金額が農産物販売金額の 80% 以上を占める経営体を稲作単一経営とみなした。また、『農経調』の個別結果表は、組織経営（以下、法人経営）と個別経営（以下、家族経営）の２つからなり、本論ではこれらの経営の効率性を計測する[3]。なお、分析には主に2014年の個別結果表を用いる。これは、筆者らが利用可能な『農経調』個別結果表が2004年から2014年にかけてのものであり、最新年が2014年であるためである。

3　組織変革と経営の効率性

（1）DEAによる効率性の計測

本節では、各農業経営体の効率性を計測し、家族経営と法人経営の効率性比較を通じて、家族経営の優越性を検討する。**2**で記したように、『農経調』には、農業経営体における投入と産出に関する調査項目が含まれる。投入と産出の情報を用いて、農業経営体の効率性を把握する方法は、主に2つある。

1つめは、生産関数や費用関数の推定を通じて、母集団となる農業経営体の生産確率フロンティアをもとめ、このフロンティアとの相対距離から、各農業経営体の効率性を計測する方法である。ただし、生産関数や費用関数は単一財の産出にのみ適用可能である。『農経調』では、対象作目ごとの労働投入や肥料投入といった投入量を把握することはできない。このため、生産確率フロンティアを用いる方法は、『農経調』の個別結果表を分析する場合、適しているとはいえない。

2つめは、DEAである。DEAは、農業経営体の効率性フロンティアを線形計画問題として計測し、このフロンティアとの相対距離から、各農業経営体の効率性を計測する方法である[4]。そのメリットは、データの分布に対し

3）なお、「組織経営」を以下で「法人経営」と呼称するのは、『農経調』における組織経営が、農事組合法人、株式会社、特例有限会社、合同・合名・合資会社、その他の法人からなる法人経営体であるためである。また、『農経調』における個別経営は、個人経営体と個別法人経営体からなる。本論で用いる2014年の稲作単一経営の個別結果表において、個別法人経営は存在しなかった。このため、本論では「個別経営」を「家族経営」と呼ぶこととする。また、『農林業センサス』の定義に従えば、一戸一法人も家族経営体に含まれるが、本論では一戸一法人を法人経営として取り扱う。

4）DEAの詳細については、たとえば刀根（1993）やチャーンズら（2007）を参照。

て先験的な仮定を課すことなく、各農業経営体の効率性を得られることや、複数財投入・複数財産出の生産関係を取り扱うことができる点にある。農業経営体の多くは、米や野菜など様々な作物を生産し、複数財産出の特徴を有している。このため、農業経営の特徴を考慮に入れた効率性の計測には、DEA が適している[5)]。また、DEA には、規模に関する収穫逓増、収穫一定、収穫逓減を仮定する複数のモデルが存在するが、本論では、規模に関する収穫一定の仮定の下に得られる総合効率性（overall efficiency；以下、効率性）を農業経営体の効率性として計測する。計測には、投入を基準とする（input-oriented）複数財投入・複数財産出モデルを用いる。

効率性の計測に用いる産出物は、稲作収入（単位：千円）と稲作以外の農畜産物の販売収入（単位：千円）の２つである。投入物は、労働、資本、経常財、水稲作付面積、水稲以外の作付面積の５つとした。労働は、自営農業ないしは農業事業に対する総投下労働時間（単位：時間）である。資本は、農業機械と建物施設の評価額の合計（単位:千円）である[6)]。経常財は、肥料費、種苗費、農業薬剤費、諸材料費、光熱動力費など、労働、資本、土地以外の農業経営費または農業支出の合計（単位：千円）である。なお、ここには農業生産関連事業に関わる投入物と生産物を含めていない。このため、本論で計測する効率性は、営農に関わる効率性である点に留意を要する。また、稲作単一経営の効率性の計測には、2010 年から 2014 年までの各年の個別結果表を用いるが、ここでは、分析に用いた投入・産出の一例として 2014 年の記述統計量を表２−１に示す。表から、法人経営の稲作収入や水稲作付面積は、家族経営の約 10 倍であるなど、法人経営のビジネスサイズは家族経営のそれを大きく上回っていることを読みとれる。

5）なお、わが国の農業関連の経営体への DEA の適用例は多数ある。古くは、農協経営に DEA を適用した茂野（1991）や酪農家の経営診断に DEA を適用した金（1996）などがある。

6）家族経営については農用自動車、農機具、農用建物の総額を、法人経営については車両・運搬具、機械・装置、建物・構築物の農業向け期末評価額の総額を用いた。

表2−1　投入と産出の記述統計量（稲作単一経営・2014年）

		サンプル数	平均	標準偏差	最小値	最大値
［パネルA：法人経営］						
産出	稲作収入（千円）	82	34,608	26,700	4,147	175,437
	稲作以外の農畜産物の販売代金（千円）	82	4,064	3,429	47	17,674
投入	労働（時間）	82	9,032	8,781	1,280	64,258
	資本（千円）	82	15,017	14,449	887	91,769
	経常財（千円）	82	31,757	25,396	4,712	173,874
	水稲作付面積（a）	82	3,422	2,757	515	20,411
	水稲以外の作付面積（a）	82	1,342	1,607	0	9,429
［パネルB：家族経営］						
産出	稲作収入（千円）	570	3,583	6,756	72	54,594
	稲作以外の農畜産物の販売代金（千円）	570	524	1,175	0	11,107
投入	労働（時間）	570	975	1,073	51	10,454
	資本（千円）	570	1,186	1,764	3	13,722
	経常財（千円）	570	1,871	2,884	100	21,094
	水稲作付面積（a）	570	355	608	14	4,590
	水稲以外の作付面積（a）	570	15	46	0	580

注：資本が0以下のサンプルを削除した。

（2）法人経営と家族経営の効率性

まず、2010年から2014年の各年における、稲作単一経営の法人経営と家族経営の効率性を表2−2に示す。表より、2014年のみ法人経営の効率性が家族経営の効率性を有意に上回る結果が得られたものの、2010年から2013年にかけて、法人経営と家族経営の効率性に統計的に有意な差はみられなかった[7)]。また、2014年の結果について、法人経営と家族経営の効率性の箱ひげ図を図2−1に示す。図より、法人経営の効率性は家族経営の効率性に比べて、最小値が高く、ばらつきが小さいことがわかる。また、第3四分位での効率性の水準は、法人経営と家族経営で同水準であることも読み取れる。

1で述べたように、先行研究において、土地利用型農業における家族経営の優越性が指摘されてきたが、効率性の面からみると、家族経営は必ずしも法人経営を優越しているとはいえない。ただし、表2−1の平均水稲作付面積をみると、法人経営が34.22haであるのに対して、家族経営は3.55haであ

7）ただし、2013年は10%水準で統計的に有意な差がみられる。

表２−２　法人経営と家族経営の効率性
（稲作単一経営・2010-14 年）

年	法人経営	家族経営	t 値
2014	0.651	0.608	2.067 *
	(82)	(570)	
2013	0.651	0.687	−1.885
	(93)	(567)	
2012	0.665	0.645	1.019
	(98)	(610)	
2011	0.648	0.653	−0.212
	(92)	(449)	
2010	0.722	0.693	1.065
	(75)	(160)	

注１：（　）内はサンプル数を表す。
２：＊は 5% 水準で統計的に有意な差があることを示す。

図２−１　法人経営と家族経営の効率性
（箱ひげ図）

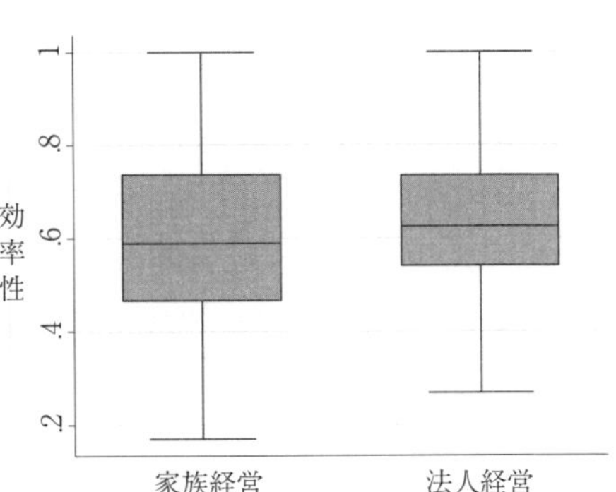

り、法人経営と家族経営の規模は大きく異なる。

そこで、2014 年の稲作単一経営を対象に、水稲作付規模層別に法人経営と家族経営の効率性を比較したのが表２−３である。これをみると、いずれの作付規模層においても、家族経営の効率性は法人経営の効率性を有意に上回っている。このことは、中・大規模経営に関して、家族経営は法人経営よりも効率的であることを示しており、土地利用型農業における家族経営の法人経営に対する優越性を示唆している。

表２−３　作付規模別にみた法人経営と家族経営の効率性
（稲作単一経営・2014 年）

	法人経営	家族経営	t 値
全サンプル	0.651	0.608	2.067 *
	(82)	(570)	
うち、水稲作付面積 20ha 以上	0.675	0.870	−5.183 **
	(60)	(22)	
水稲作付面積 10ha 以上	0.662	0.837	−5.743 **
	(75)	(46)	
水稲作付面積 5ha 以上	0.651	0.800	−5.951 **
	(82)	(98)	
水稲作付面積 3ha 以上	0.651	0.745	−3.988 **
	(82)	(154)	

注１：＊＊、＊はそれぞれ 1%、5% 水準で統計的に有意な差があることを示す。
２：（　）内はサンプル数を示す。

さらに、表2−3からは、家族経営について、作付規模の大きい経営ほど効率性が高い傾向を読み取ることができ、規模と効率性の間に正の相関関係を確認できる。一方、法人経営において、そうした関係はみられない[8)]。

中・大規模経営において、法人経営の効率性が家族経営の効率性を下回る理由として、Allen and Lueck（1998）や Kostov et al.（2019）が指摘するように、法人化による雇用労働の導入と拡大は、雇用労働に対するモニタリングを困難にし、経営の効率性を低下させる要因となる可能性がある。これは、農作業の空間的分散に起因して生じる問題である[9)]。この点を検討するために、法人経営における雇用労働時間の割合と効率性との関係を表2−4に示す。表より、雇用労働時間の割合が高まると、効率性は緩やかに低下するものの、グループ間の効率性に統計的に有意な差はみられず[10)]、法人経営における雇用労働の拡大と効率性との間に明確な関係は確認できなかった。

表2−4　法人経営における雇用労働時間割合と効率性

雇用労働時間割合	サンプル数	効率性
0%	20	0.667
0-20% 未満	30	0.651
20% 以上	32	0.642

注：雇用労働時間割合は、総労働時間に占める雇用労働時間の割合をさす。

さらに、表2−3で示したとおり、中・大規模の家族経営において、効率性が高い傾向にあった。Pollak（1985）は、家族経営の課題として、農業経営を展開する上で必要とされる技術や能力の不足をあげる。家族構成員のみで調達できない技術や能力を雇用労働によって補完することができれば、経営の効率性をより高めることができる可能性がある。他方、雇用労働の増加は、Allen and Lueck（1998）が指摘するように、モニタリングコストをはじ

8）家族経営について、水稲作付面積と効率性の相関係数は全サンプルで 0.432、水稲作付面積が 3ha 以上のサンプルで 0.412、5ha 以上のサンプルで 0.290 であり、いずれも 1% 水準で有意である。他方、法人経営について、水稲作付面積と効率性の相関係数は全サンプルで 0.124、水稲作付面積が 3ha 以上のサンプルで 0.124、5ha 以上のサンプルで 0.124 であり、いずれの相関係数も 10% 水準で有意ではない。

9）同様の観点で、Pollak（1985）、Valentinov（2007）や Kostov et al.（2018）は、家族労働の平均生産性が、企業的経営における雇用労働者の生産性を上回る可能性を示唆している。

10）なお、雇用労働時間の代わりに専業従事者数割合を用いた検討も行ったが、雇用労働時間と同様に、専業従事者数割合と効率性の間に統計的に有意な関係はみられなかった。

めとする取引費用の増大をもたらし、効率性の改善を阻害する要因となりうる。このため、家族経営における雇用労働の導入と効率性との関係は、非線形の関係を有する可能性がある。そこで次項では、家族経営における効率性の決定要因の検討を通じて、雇用労働と効率性との関係を考察する。

（3）効率性の決定要因

効率性の決定要因に関する推定結果を表２−５に示す。被説明変数は2014年における稲作単一の家族経営の効率性であり、最大値を１、最小値を０とする上限と下限のある打ち切りデータである。このため、トービットモデルを用いて推定を行った。また、前項で述べた雇用労働導入と効率性との非線形の関係性を検討するために、雇用労働割合については、その２次項も説明変数に含めた。

表２−５　効率性の決定要因（稲作単一経営・家族経営・2014年）

	係　数	標準誤差
水稲作付面積	1.224E-04	1.860E-05 **
雇用労働割合	3.251E-03	1.766E-03
雇用労働割合の２乗	-8.260E-05	3.660E-05 *
借入水田比率	1.048E-03	2.942E-04 **
負債資産比率	-8.368E-04	6.607E-04
土地労働比率	4.870E-05	1.460E-05 **
経営主年齢	-3.360E-05	8.718E-04
農業地域類型（都市）	-0.049	0.021 *
農業地域類型（中間）	-0.009	0.019
農業地域類型（山間）	-0.031	0.031
農業所得比率	1.667E-04	7.890E-05 *
定数項	0.516	0.063 **
対数尤度	116.182	
標本数	570	

注：＊＊、＊はそれぞれ1%、5%水準で統計的に有意であることを示す。

推定結果を示した表２−５をみると、まず、雇用労働割合と効率性との関係について、１次項は統計的に有意でないものの正で[11)]、２次項も5%水準

11）ただし、10%水準で統計的に有意であった。

で負で統計的に有意な結果を示している。このことから、雇用労働割合と効率性との間に非線形の関係が存在し、雇用労働割合と効率性は逆Ｕ字型の関係にある。なお、雇用労働割合が約19.7%（= 3.251E-03/(-2*(-8.260E-05))のときに、効率性が最大になることがわかる。家族経営における雇用労働の導入は、当初、家族構成員が有していない技術やスキルを補完し、経営の効率性を高めるものの、雇用労働の導入がある程度進むと、モニタリングコストをはじめとする取引費用が増大し、ある水準を超えると、効率性は低下する。

次に、他の説明変数と効率性との関係について、水稲作付面積と借入水田比率の係数はいずれも正で有意であり、大規模借地経営の効率性が高い傾向にあることがわかる。また、土地労働比率や農業所得比率の係数も正で有意であり、土地集約的経営や専業的な家族経営の効率性が相対的に高いこともわかる。農業地域類型については、平地農業地域を基準として都市的地域、中間農業地域と山間農業地域の３つのダミー変数をみると、都市的地域の係数のみ負で有意である。都市的地域の家族経営は、他の農業地域類型の家族経営に比べて効率性が低い傾向にある。他方、経営主年齢の係数は統計的に非有意であり、高齢化による効率性の低下はみられない。また、負債資産比率の係数も負であるが、統計的に有意な結果は得られなかった。

以上の効率性に関する分析から、前項で提示した家族経営における雇用労働の導入と効率性との関係に関する仮説と整合的な結果が得られた。すなわち、家族経営における雇用労働の導入は、家族構成員が有していない技術やスキルの補完を通じて、効率性を高めるものの、雇用労働の導入が一定以上進むと、効率性の低下がみられることがわかった。また、規模に関わる変数と効率性の間に正の相関がみられ、稲作単一の家族経営において、大規模借地経営、土地集約的経営や専業的経営が効率性の面で優位にあることがわかった。

4　組織変革は経営の効率性を高めるか？

前節において、中・大規模の家族経営は、法人経営より効率的であることがわかった。しかし、このことは法人化によって、効率性が低下することを必ずしも意味しない。むしろ、効率性の低い経営体が効率性の向上を目的に法人化を図り、効率性を高めた可能性もある。このため、法人化が経営の効率性にもたらすインパクトをアプリオリに判断することはできない。こうしたインパクトを把握する際に、法人経営と家族経営の効率性を単純比較することで、法人化が効率性にもたらすインパクトを把握することはできない。なぜなら、効率性の低い経営体が法人化を図る傾向があるためである。法人化の効率性に対するインパクトをより正確に把握するためには、効率性の低い経営体が法人化を図るという自己選択バイアスを考慮に入れて、検討する必要がある。そこで本節では、PSM によって、法人化に伴う自己選択バイアスに対処しつつ、法人化が効率性にもたらすインパクトを検討する。

（1）傾向スコアマッチング

藤栄（2020）で述べられているとおり、法人経営とそれ以外の経営の単純比較によって把握される法人化の効果はバイアスを伴う。これは、特定の特徴を有する経営（たとえば、大規模経営）が法人化を図る傾向にあるためである。こうした自己選択バイアスに対処して、法人化の効果を把握するために、PSM では類似の特徴を有する処置群（法人経営）と対照群（非法人経営）をマッチングすることによって、平均処置効果（Average Treatment Effects on the Treated；ATT）、つまり、自己選択バイアスを軽減した上で、法人化が効率性にもたらす効果を把握する[12)]。マッチングの方法には、最近隣マッチング（nearest neighbor matching）を用いる。なお、マッチングの比率は、処置群（法人経営）と対照群（家族経営）が1対10となるマッチング（NNM10）と1対5

12）PSM に関する説明については、たとえば西山ら（2019）などを参照。また、わが国の農業・農村を対象に、PSM をはじめとする疑似実験デザインを適用した研究のレビューとして、たとえば藤栄・中谷（2022）がある。

のマッチング（NNM5）の２つを行った。また、処置群と対照群のマッチングに際して、Caliendo and Kopeinig（2008）は、Rosenbaum and Rubin（1985）による mean standardized bias（以下、MSB）が 5.0% 以下になるよう共変量を選択し、マッチングを行うことを推奨している[13)]。このため、本論ではMSB が 5.0% 以下となるよう、共変量を選択した。共変量には水稲作付面積、水稲作付比率、専従労働者数[14)]、資本、負債資産比率や農業地域類型（都市・中間・山間）を用いた[15)]。結果変数には、**3**で計測した 2014 年における経営体の効率性を用いた。また、結果の頑健性を確認するために、カーネルマッチングや LLR（Local Linear Regression）といった他のマッチング法による結果もあわせて示すこととする。

（2）法人化が効率性にもたらすインパクト

法人化が効率性にもたらすインパクトについて、PSM による結果を表 2－6 に示す。なお、表では法人経営体のうち、集落営農法人を除いた結果についてもあわせて示している。

全サンプルの平均処置効果（ATT）をみると、いずれのマッチング法でも、

表 2－6　法人化が効率性にもたらすインパクト

		効率性		ATT	
		法人経営	家族経営	（平均処置効果）	
全サンプル	NNM10	0.741	0.776	－0.035	(0.40)
	NNM5	0.741	0.756	－0.016	(0.18)
	Kernel	0.755	0.789	－0.034	(0.33)
	LLR	0.741	0.794	－0.053	(0.54)
集落営農法人を除く	NNM10	0.801	0.739	0.062	(0.80)
	NNM5	0.801	0.740	0.061	(0.71)
	Kernel	0.801	0.655	0.147	(1.53)
	LLR	0.801	0.736	0.066	(0.65)

注：＊は 5% 水準で統計的に有意であることを示す。また、（　　）内は t 値を表す。

13）なお、Rosenbaum and Rubin（1985）は MSB が 20% 以下になるよう、共変量の選択を行うことを提案している。

14）専従労働者数は、労働時間を 2000（時間）で除した値である。

15）傾向スコアの推定結果は、付表を参照。

ATT は統計的に非有意であり、法人経営と家族経営の効率性の間に有意な差はみられない。表2−3で示したとおり、法人経営と家族経営の効率性を単純比較すると、法人経営の効率性が家族経営の効率性を有意に上回るものの、自己選択バイアスに対処すると、法人経営と家族経営の効率性に有意な差はなく、法人化が効率性を高めるインパクトは検出されなかった[16)]。同様に、集落営農法人を除いた結果についても、いずれのマッチング法でも、ATT は統計的に非有意で、法人化が効率性を高めるインパクトはみられなかった。つまり、組織変革の一手段としての法人化に、経営の効率性を高める効果はみられないことがわかった。藤栄（2020）は、組織変革の一手段としての法人化が農産物販売額の増加、6 次産業化の取組や雇用の促進に結びつくことを指摘している。効率性に関する本論の結果と考え合わせると、組織変革の一手段としての法人化は、事業規模の拡大や雇用増加を通じた地域経済への貢献をもたらすものの、組織の効率性を改善する手段にはなり得ていないことが示唆された。

5　おわりに

本論では、わが国の農業経営の大宗を占める稲作単一経営を対象に、組織変革の一手段である法人化に着目し、組織変革を図った法人経営と家族経営の効率性比較を通じて、家族経営の優越性を効率性の面から考察するとともに、法人化が農業経営の効率性を高めうるかを検討した。検討には、農林水産省『農業経営統計調査』の個別結果表を用いた。まず、法人経営と家族経営の効率性をデータ包絡線分析によって計測し、効率性を比較した。次に、得られた効率性の決定要因を検討した。さらに、傾向スコアマッチングによって、法人化に伴う自己選択バイアスをコントロールしつつ、法人化が農業経営の効率性にもたらすインパクトを検討した。その結果、得られた主な知見は次のとおりである。

16）なお、表中の効率性値が表２－２の 2014 年の効率性値と異なるのは、マッチング時にコモンサポート領域に含まれる、マッチング可能なサンプルのみを用いているためである。

第1に、法人経営と家族経営の効率性は、一部の時期を除いて、違いはみられなかった。他方、中・大規模経営については、家族経営の効率性が法人経営の効率性を有意に上回っており、効率性の面から、中・大規模層における家族経営の法人経営に対する優越性が確認された。

第2に、家族経営における雇用労働の導入は、経営の効率性を高める効果を有するものの、雇用労働の導入が一定程度進むと、むしろ効率性は低下することがわかった。雇用労働は、家族構成員のみで調達できない技術や能力の補完ならびに労働力不足の改善によって、家族経営の効率性を改善する。一方で、雇用労働の過剰導入は、モニタリングコストをはじめとする組織内の取引費用の増大を通じて、効率性を低下させる影響をもたらす可能性が示唆された。こうした家族経営の効率性と雇用労働との非線形の関係は、先行研究において指摘されておらず、本論で初めて明らかにされた知見といえよう。

第3に、傾向スコアマッチングの結果から、法人化が経営の効率性を高める効果は検出されなかった。組織変革の一手段としての法人化は、ビジネスサイズの拡大や雇用増加を通じた地域経済への貢献をもたらす効果はあるものの、組織の効率性を改善する手段にはなり得ていないことが示唆された。効率性の面で、組織変革は家族経営の優越性を克服することはできず、土地利用型農業における家族経営の優越性があらためて裏付けられた。

最後に、残された課題を述べる。若林・野口（2020）の指摘を踏まえると、農業経営の行動やパフォーマンスには組織文化が影響をもたらす可能性がある。しかし、本論ではこうした農業経営の組織文化と効率性との関係や組織変革との関わりについては、データの制約上、検討することができなかった。農業経営の意思決定は、その組織文化に加えて、地域の文化からも影響を受けることが指摘されている（たとえば、Wuepper, 2020）。こうした地域文化と農業経営の行動やパフォーマンスとの関係を検討することも必要であろう。また、本論で計測した効率性は営農に関わるものであり、生産関連事業の投入・産出関係は考慮されていない。6次産業化に取り組む経営体は多数存在する。生産関連事業を含めた総合的な経営効率性を計測することで、本論と異なる結果が得られる可能性がある。さらに、本論では稲作単一経営を対象としたが、たとえば施設野菜単一経営をはじめとする他の営農類型では、法人化が効率性にもたらすインパクトは異なる可能性がある。このため、他の営農類型についても、同様の分析を行う必要がある。これらについては、今後の課題としたい。

付表　法人化の有無に関するプロビット推定

	係　数		z　値
水稲作付面積	−5.927E-04		−1.93
水稲作付比率	−0.063	**	−4.16
専従労働者数	1.004	**	3.54
資本	1.821E-04	**	2.78
負債資産比率	0.030	**	4.85
農業地域類型（都市）	−0.874		−0.57
農業地域類型（中間）	0.576		1.20
農業地域類型（山間）	0.897		1.30
定数項	1.339		1.16
標本数	652		
対数尤度	−22.57		
Pseudo R2	0.909		

注：＊＊、＊はそれぞれ1%、5%水準で統計的に有意であることを示す。

引用文献

Allen, D.W. and D. Lueck (1998) The Nature of the Farm, Journal of Law and Economics 41: 343-386. https://doi.org/10.1086/467393

Caliendo, M. and S. Kopeinig (2008) Some Practical Guidance for the Implementation of Propensity Score Matching, Journal of Economic Surveys 22(1): 31-72. https://doi.org/10.1111/j.1467-6419.2007.00527.x.

チャーンズ・クーパー・リューイン・シーフォード（編）(2007)『経営効率評価ハンドブック－包絡分析法の理論と応用』刀根薫・上田徹（監訳），朝倉書店.

荏開津典生・鈴木宣弘（2020）『農業経済学 第５版』岩波書店.

FAO (2013) 2014 IYFF FAO Concept Note (Modified May 9, 2013). http://www.fao.org/fileadmin/templates/nr/sustainability_pathways/docs/2014_IYFF_FAO_Concept_Note.pdf

藤栄剛（2020）「農業経営の組織変革とそのインパクト－法人化を対象に－」『農業経営研究』58(1)：19-30.　https://doi.org/10.11300/fmsj.58.1_19

藤栄剛・中谷朋昭（2022）「本書の課題と構成」藤栄剛・仙田徹志・中谷朋昭編『農業・農村問題のミクロデータ分析』農林統計出版：1-20.

金昌皓（1996）「DEA法による酪農家の経営効率性分析」『農業経営研究』34(3)：124-128. https://doi.org/10.11300/fmsj1963.34.3_124

Kostov, P., Davidova, S. and A. Bailey (2018) Effect of Family Labour on Output of Farms in Selected EU Member States: A Non-Parametric Quantile Regression Approach, European Review of Agricultural Economics 45 (3): 367-395. https://doi.org/10.1093/erae/jbx036

Kostov, P., Davidova, S. and A. Bailey (2019) Comparative Efficiency of Family and Corporate Farms: Does Family Labour Matter? Journal of Agricultural Economics 70(1): 101–115. https://doi.org/10.1111/1477-9552.12280

西山慶彦・新谷元嗣・川口大司・奥井亮（2019）『計量経済学』有斐閣.

Pollak, R. (1985) A Transaction Cost Approach to Families and Households, Journal of Economic Literature 23: 581-608. https://www.jstor.org/stable/2725625

Rosenbaum, P.R. and D.B. Rubin (1985) Constructing a Control Group Using Multivariate Matched Sampling Methods that Incorporate the Propensity Score, The American Statistician 39(1): 33-38. https://doi.org/10.1080/00031305.1985.10479383.

齊藤昭（2013)「構造・経営関係統計」齊藤昭編『「農」の統計にみる知のデザイン』農林統計出版: 121-193.

茂野隆一（1991）「農協経営の技術効率性とその要因」『農業経済研究』63(2)：91-99. https://doi.org/10.11472/nokei.63.91

刀根薫（1993）『経営効率性の測定と改善－包絡分析法 DEA による』日科技連.

Valentinov, V. (2007) Why are Cooperatives Important in Agriculture? An Organizational Economics Perspective, Journal of Institutional Economics 3: 55-69. https://doi.org/10.1017/S1744137406000555

若林直樹・野口寛樹（2020)「農業経営組織の変革における組織文化の役割：農業法人研究における理論的意義の検討」『農業経営研究』58(1)：31-40. https://doi.org/10.11300/fmsj.58.1_31

Wuepper, D. (2020) Does Culture Affect Soil Erosion? Empirical Evidence from Europe, European Review of Agricultural Economics 47(2): 619–653. https://doi.org/10.1093/erae/jbz029

第３章　中間組織体「地域農業組織」の組織変革に関する理論的検討

小林　元

Ⅰ　課題の設定と方法

我が国の土地利用型農業、特に水田農業においては、地域農業組織のあり方が一つの特徴的な論点となってきた。本論が対象とする地域農業組織とは、集団的土地利用の一形態であり、今日的には集落営農組織やその法人化形態である集落型農業生産法人等が該当する。同時に、集落営農組織などの地域農業組織は農業政策の推進機能であり、また対象であることから必然的に注目の論点となってきた。

また、地域農業組織は家族農業経営の協業の形態として捉えることができる。そして、社会や技術の変化に応じて、地域農業組織はその結合様式や組織構造を歴史的に変化させてきた。その歴史的変化は、家族農業経営の農業労働の社会化形態の変化であり、むら＝自然村、農業集落における歴史的な分業形態の変化と整理することができる。

言い換えれば、地域農業組織は家族農業経営を補完する存在形態であり、そうした意味において中間組織体として位置付けられてきた。すなわち、中間組織体としての地域農業組織は、家族農業経営の外部化であり、市場との接点の機能を果たす。

ところが環境変化が進み、家族農業経営を代替する地域農業組織が増えつつある。さらには、地域農業組織間の広域連携の事例も増えつつある。前者においては、地域農業組織が家族農業経営を代替することで、土地持ち非農家化を加速させる。その結果、地域農業組織自体が「担い手」として位置付けられ、地域農業組織は中間組織体ではなく、実質的に経営主体となりうる。伊庭が指摘する「集落営農のジレンマ」（伊庭、2012）の発現形態である。後者においては、地域農業組織の広域連携が、地域農業組織間の協業、分業を生み出している。その変革の主体は地域農業組織自体にあり、地域農業組織間の協業、分業の組織化が「三階建て」組織などの重層化をもたらしている（楠本、2010）。

以上のような、環境変化に適応した現段階の地域農業組織の組織変革については、構造論的なアプローチでの事例分析の蓄積が極めて多い。ただし、地域農業組織の組織変革の理論的整理は、磯辺らによるその結合様式の歴史的変化の把握（磯辺、1980；小林、1991他）以降、永田・安藤らが提唱した「生活結合」の論理（永田、1991他）を最後に、あまり見られない。

そこで、本論は、現段階の地域農業組織の組織変革を理論的に検討することを目的とする。まず、本論では中間組織体の概念を整理し、その対象を地域農業組織に限定する。また地域農業組織を家族農業経営の協業形態として把握し、先行研究からその組織変革を歴史的に再整理する。その上で、1990年代以降の地域農業組織の組織変革を現段階と位置付け、①家族農業経営の補完から代替という組織変革、②地域農業組織の広域連携に見る重層化という組織変革として捉え、その理論的な検討を行うことを目的とする。加えて、補論として中間組織体の一形態である農業協同組合について、簡単にその歴史的変化と組織変革の方向性について論ずる。農業協同組合は、それ自体が中間組織体であると同時に、本論が対象とする集落営農組織等の地域農業組織の組織変革と深い関係性を有するからである。

Ⅱ　地域農業組織の組織変革―その歴史的展開―

1　中間組織体の把握

本論では、中間組織体として、その対象を地域農業組織に限定する。中間組織体の概念は高橋（1973）によって「個々の農業経営で達成されにくい農業の企業化を、農業の組織化という手段を用いて可能にしていこうというもの」と定義され、「地域農業を一つのまとまりをもった組織としてとらえ、その地域ぐるみの農業組織が単位となって変化する経済機会に対応すべく企業的活動を行うもの」とする。その上で高橋は、中間組織体を地域農業の管理主体として積極的に位置付けている。

集団的土地利用論との関係を見ると、高橋は地域農業組織を機能論的に「地域主体＋利用主体」として捉え、中間組織体を「利用主体」として捉えている（高橋、1983）。

地域主体とは「諸課題を主体的に解決する主体」として、今日的には１階部分にあたる利用調整の場としての「むら」が意識されている。利用主体とは「実際に農業的に利用していく主体」として、今日的には２階部分にあたる経営体なり協業組織が意識されている。

対して、藤谷（1998）は「日本の農業は、多数の小規模な農業生産主体（家族農業経営）によって担われており、（中略）多くの重要な経営機能が外部化ないし外部依存している」とし、「一定の地理的範囲の農業生産主体の組織化行動による各種の中間組織の形成とそれへの個別生産主体群の組織化行動による各種の中間組織の形成」を見る。その上で藤谷は中間組織の形態を３つに分類する。

中間組織の第一形態は「個別農業経営体の生産面の効率化やその基盤となる農地利用権の調整等に主としてかかわる中間組織」＝地域農業組織とする。第二形態は「農産物マーケッティングにかかわる中間組織」、第三形態は「個別農業経営体の経営機能を多面的にバックアップする中間組織」として農業協同組合を位置付ける。すなわち藤谷の中間組織体の把握は、生産過程と商品化過程の各段階から中間組織体を類型化している点に特徴がある。さらに、藤谷は特に第一形態に関連して、「多くの家族農業経営は農業経営主体としての存在から土地資産所有的性格にますます傾斜し、経営機能を集落営農や農業作業受託法人等にゆだねながら存続していくのであって、国民経済的には積極的に意義を持ちにくくなっていく」と、現段階における地域農業組織の組織変革を看破している。この藤谷の指摘からは、中間組織体を個別農業経営体の協業の形態として捉え、地域における農業経営の主体を家族農業経営においていることが見て取れる。

本論では検討の対象を、中間組織体の三類型のうち第一形態である地域農業組織に限定した上で、地域農業組織を家族農業経営の協業形態として把握し、次節においてその歴史的な組織変革を整理する。

2　第一形態「地域農業組織」の組織変革の歴史的展開

図3－1に示すように、「地域農業組織」の組織変革の歴史を整理し模式化した。地域農業組織の組織変革を、その結合様式の変化から整理したのが磯辺（1980）であり、それを援用して特に集落営農組織の結合様式を整理したのが小林（1991）である。

これらの整理によると、特に土地利用型農業における地域農業組織は、いわゆる「結い」や「手間がえ」と言われる労働力の相互補完をルーツとした1960年代までの「労働力結合」から始まる。

図3－1　地域農業組織の組織変革の歴史的展開

小農家族経営の家庭内分業の社会化形態として地域農業組織＝小農家族経営の補完

1960年代
労働力結合 ➡ 1970年代
機械化結合 ➡ 1980年代
転作力結合 ➡ 1990年代
生活力結合

経営内部の要因

経営外部の要因
政策対応

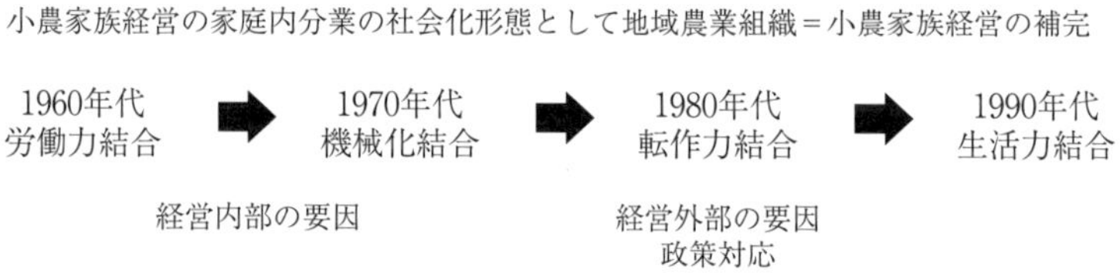

資料：著者作成

70年代に入り中型機械化体系が普及すると、機械の共同利用を目的とした「機械化結合」へと変化する。さらに、80年代に入ると生産調整政策の導入に対応した転作の共同作業化とその組織化が進み、これを「転作結合」として整理する。60年代の労働力結合と70年代の機械化結合は、経営内部の生産過程における分業化であり、協業である。対して、80年代の転作結合は政策対応の側面が強く、実際に政策的に転作に対応した営農集団組合や地域農業集団が組織化された。もちろん転作対応は、一つにブロックローテーションという農法論的なアプローチであるが、環境要因としてみると政策という外部要因に起因している。こうした意味で、60年代の労働力結合と70年代の機械化結合に見られる家庭内分業の社会化としての協業と、80年代の政策という外部要因に適応した協業では、その組織化の要因は異なる。60

年代と70年代は家族農業経営の内部要因に基づく協業であり、80年代は農業政策に起因する外部要因に基づく協業である。

ただし、70年代の機械化結合と80年代の転作結合の間には連続性が見られる。それは、あくまで地域における農業経営の主体が家族農業経営にあり、地域農業組織は家族農業経営を補完する協業の形態であった。であるからこそ、この段階の地域農業組織は、家族農業経営が市場に接続するという意味で、中間組織体として規定される。

80年代の転作結合以降の結合様式の議論は、永田（1991）・安藤（1996）らによる「生活結合」のみである。永田（1991）は広島県庄原市の一木営農組合の分析を通じて、営農集団組合という集団的対応が、地域生活と農業生産を結び付けなおす（「地域に農業を埋め戻す」）ことに着目し、その結合様式を生活結合と位置付けている。安藤（1996）は、高齢・過疎化が進んだ中山間地域の地域農業組織が、経済組織として合理化するだけではなく、集団を機縁として形成される人格的関係を通じて地域生活上の諸関係も健全にし、再生産の社会的条件を整備する役割も担わざるを得ないとして、地域農業組織における生活結合の必然性を位置付けた。これらを踏まえ磯辺（2000）は、集団的土地利用秩序に基づく生活結合は、合理的な地域農業の形成に大きく寄与していると積極的に評価した。生活結合の議論は、地域農業組織が生産の合理化に留まらず、地域の維持や地域づくりと接点があることを明確に示唆している。

Ⅲ　1990年代以降の地域農業組織の位置

1　地域農業組織を取り巻く環境変化と組織変革

90年代以降の地域農業組織の組織変革について事例から整理すると、①市町村農業公社の組織化、②集落営農組織の法人化＝集落型農業生産法人という二つが特徴として挙げられる。この二つの組織変革は、おもに中山間地域で先行し、その後、全国的に広がりを見せた。

なお、①市町村農業公社は、平成の市町村合併時に、その多くが機能を縮小・廃止した。対して、②集落営農組織の法人化は、経営所得安定対策の要件として、政策的にも集落営農の組織化に伴って法人化が進められ、今日を迎えている。

いずれの組織変革も、その環境要因は兼業深化や農業労働力の高齢化といった家族農業経営の内部要因と、農産物市場のグローバル化とそれに伴う国際化農政、さらにはその後の農政の産業政策への特化という外部要因という、二つの環境要因の下で進んだと言える。

すなわち、兼業深化・農業労働力の高齢化によって、特に中山間地域では高齢一世代世帯化が進み、家族農業経営内での家庭内分業体制と地域における世代間分業の形が崩れたことによる、労働力不足の問題が内部要因として挙げられる。

同時に、コメ価格の低下は、市場のグローバル化に対応した国際化農政において、コメ単作傾向が強く零細規模の家族農業経営の脆弱性をより際立たせた。さらに、基本法農政から国際化農政に対応した新農政に転換するにあたっては、「担い手」という概念が持ち込まれ、認定農業者への農地集積が地域農業内部に求められた。これらの国際化農政と「担い手」政策に代表される農業政策の産業政策への特化は、家族農業経営の外部要因として整理することができる。

2　地域農業組織の機能の変化―補完から代替へ

こうした90年代以降の地域農業組織の特徴は、80年代までの地域農業組織が、自立した家族農業経営を主体とした補完にあったのに対して、労働力が脆弱化し自立しえなくなった家族農業経営を代替するものへと変化したことにある。

法人化した集落営農組織には、一部の経営者（役員層）と一部の機械作業従事者（オペレーター、以下OP)、そして水管理や畦畔管理作業等中間管理作業を担う地権者（組合員）という三層構造が見られる。それは、田代（2006）が「地域ぐるみ型」集落営農の構造として整理した「同心円状」の構造であり、生産過程における分業体制である（図3-2)。

80 年代までの地域農業組織における分業体制は、機械作業のみの外部化であり、その経営はあくまで家族農業経営内に残された。ところが、集落営農組織を法人化したことで、経営機能が地域農業組織に統合され、結果として家族農業経営に残された機能は畦畔管理作業や水管理作業といった中間管理作業と地域資源の資源管理作業（農道や水路の清掃など≒むら仕事）のみとなる。経営統合は、法人化に伴う利用権設定によって行われるため、言い換えれば利用権設定段階の分業形態とも言える。

図３−２「地域ぐるみ型」集落営農の三層構造

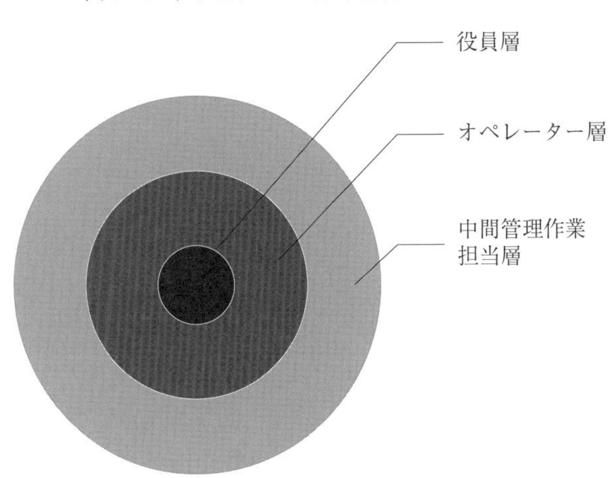

出典：田代（2006）の整理を援用して、著者作成。

３「集落営農のジレンマ」

集落営農組織の法人化は、設立後数年を経ると新たな課題が生じた。それが伊庭（2012）が明らかにした「集落営農のジレンマ」である。集落営農組織の法人化によって、経営層と OP 層が固定化された結果、集落営農組織に参加する組合員の労働は中間管理作業と資源管理作業に限定される。そして、家族農業経営は経営機能が外部化することで当事者性を失い、土地持ち非農家化が進みつつある。

表3−1は広島県内A地区における集落営農組織化以降の組合員の移動状況を示している。A地区は、集落営農組織の法人化を比較的に早い段階で進めた地域で、一つのモデルケースである。任意組織の営農集団組合を基盤に、農業の継続が難しくなった農家の農地を利用権設定して経営を行う法人組織「A地区生産組合」を組織化している。このケースでは、兼業農家と高齢専業農家のうち、比較的小規模面積の農家が生産組合に利用権設定を行い、その後他出していくという行動が析出される。集落営農組織の法人化は、利用権設定によって集落営農が家族農業経営を代替することによって、組合員が土地持ち非農家化し、さらには他出していくという行動様態を一般化させる。すなわち、家族農業経営が地域農業組織に代替されることで、家族農業経営自体は当事者性を失い、農家足りえなくなり、その先に他出するという現象を生むのである。

A地区は中山間地域の条件不利地域であり、土地持ち非農家化が直接的に地域外への流出という他出につながっている。他方で、比較的都市的地域に近い平場の兼業地帯においては、他出こそ少ないものの、家族農業経営自体が当事者性を失い、所有する農地への関わり自体を大きく低下させる事例が多く見られる。

4 「集落営農のジレンマ」の先の課題

加えて、集落営農組織の法人化は、2010年代に入って新たな課題を迎えつつある。それは、継続年数を重ねてきた集落営農の法人化組織における経営層やOP層の後継者の不足という課題である。

地域農業組織は、家族農業経営の多世代世帯における家族内分業と地域内の世代間分業を前提として、継続してきたと言える。高齢の戸主層が、「むら仕事」として地域農業組織の経営を担い、比較的に元気な定年退職世代層がOP層を担い、定年退職前の兼業労働力は休日のOP作業などへの参加を通じて、技術を継承してきた。また、水管理などを高齢者層が、畦畔管理作業を兼業労働力が担うなど、家族内と地域内の両方での世代間分業が見られた。同時に、むらにおける同級生集団が、青年団や消防団などを経てグルー

表３−１　Ａ地区における経年の農家の移動状況

	1985年			1997年			2008年			状況
農家番号	経営面積(a)	専兼別	OP	経営面積(a)	専兼別	OP	経営面積(a)	専兼別	OP	
1	210	専	○	→生産組合へ						
2	180	専（酪）	○	105	専（酪）	○	105	専（酪）	○	
3	135	専（酪）	○	78	専（酪）	○	78	専（酪）	○	
4	110	専（酪）	○	145	専（酪）	○	145	専（酪）	○	
5	100	兼	○	111	兼（牛）	○	111	兼（牛）	○	
6	100	兼		100	兼	○	→生産組合へ			
7	100	兼	○	133	兼	○	133	専（退）	○	
8	90	専（酪）	○	98	専	○	98	専（高）		
9	85	兼		85	専（退）		85	専（高）		
10	85	兼		88	専（高）		100	専（高）		
11	80	専（鶏）		110	専（鶏）	○	110	兼	○	
12	80	兼		89	兼	○	89	専（退）	○	
13	70	兼		121	兼		121	専（退）		
14	65	兼	○	145	兼	○	145	専（退）	○	
15	60	兼		52	兼		52	兼	○	
16	60	兼		42	兼		42			
17	60	兼	○	94	兼	○	94	兼	○	
18	60	兼		71	兼	○	36	専（高）		
19	60	兼		79	兼	○	→生産組合へ		○	
20	60	専（酪）	○	87	専（酪）	○	→生産組合へ			他出
21	60	兼		80	専（退）	○	80	専（高）	○	
22	55	専（鶏）		61	兼	○	61	兼	○	
23	55	専（高）		73	専（退）		73	専（高）		
24	50	兼		52	兼		41	兼	○	
25	50	専		→生産組合へ						
26	50	兼	○	58	兼	○	58	専	○	
27	50	兼		55	兼		55	兼		
28	50	専（高）		→生産組合へ						他出
29	45	兼		47	兼					
30	40	専（高）		→生産組合へ						処分
31	40	兼	○	→生産組合へ		○				
32	40	専（高）		→ No14 農家へ						他出
33	40	兼		→生産組合へ						
34	40	兼		40	専（高）		→生産組合へ			他出
35	35	兼		40	兼	○	40	専（退）	○	
36	35	兼		29	兼		29	兼	○	
37	30	兼								
38	30	専（高）		27			→生産組合へ			他出
39	30	兼	○				→生産組合へ			他出
40	28	兼		28	兼		28	専（高）		
41	25	兼		25	兼		→生産組合へ			
42	25	兼		22	兼	○	22			
43	25	兼								他出
44	25	兼		23	兼		23	兼		
45	20	専（高）		21	兼		21	兼	○	
46	20	専（高）			兼					他出
47	15	専（高）		→生産組合へ						
48	15	兼		10	兼		10	兼		
49	10	専（高）		10	専（高）		10	兼		

資料：1998年、2003年、2009年聞き取り調査より筆者作成。
注１）専業農家を「専」、兼業農家を「兼」と表記した。
　２）専兼別の（　）内は、次の略記である。（酪）：酪農農家、（鶏）：養鶏農家、（退）定年退職後帰農、（高）高齢専業農家
　３）表中編みかけ部分は、集落法人等に利用権設定した後他出した事例である。

プ化され、その層がOP層を経て、将来的に経営層へとグループごと移行していくというむらの世代間分業も、むらの内部で前提とされてきた。

ところが、高齢一世代世帯化が進む中山間地域では、後継者層が不在、もしくは後継者層の雇用延長によって、家族内と世代間の分業体制が崩壊しつつある。その結果、集落営農組織の次世代の経営層、OP層の後継者不足が課題となりつつあるのだ。それは同時に、法人化した集落営農組織が、家族農業経営を代替する組織となることで、農業経営の経験・農作業の経験がない次世代組合員を増加させ、当事者性を失う土地持ち非農家化を進めて、集落営農組織の次世代の後継者不足を加速させている。

5 「集落営農のジレンマ」をどう捉えるか

ここまで見たように、80年代までの地域農業組織が家族農業経営を補完する組織だったことに対して、現段階の地域農業組織、特に法人化した集落営農組織は、家族農業経営を代替する組織へと変化した。言い換えれば、利用権設定段階の地域農業組織は、家族農業経営を代替するものということであり、それは「担い手」政策としての構造政策に表れている。地域農業組織が家族農業経営を代替することで、農地の流動化と離農が進み、我が国の土地利用型農業における農民層分解を進めていると把握することができる。

他方で、田代（2006）が指摘するように、中間管理作業層を積極的に評価することで「ぎりぎりの自作農」として位置付けることも考えられる。中間管理作業層を土地持ち非農家「予備軍」として捉えるか、「ぎりぎりの自作農」として捉えるかによって、地域農業組織の組織変革の評価も変わるであろう。

少なくとも、農地の維持が農村地域における居住条件と捉えられるならば、生産過程における組合員の関わりを担保する（＝中間管理作業層）ことが必要であり、実際に多くの法人化した集落営農組織では、地代とともに中間管理作業に対する労賃は比較的手厚い分配の水準を維持する特徴も見られる。それは地力水準や要求される技術水準に基づかない分配水準であり、一種の地代の範疇として捉えることができる。そうした意味においては、現段階の地域農業組織の機能は家族農業経営を代替するものであり分解を促進するものでありながら、その分配構造は「むら的」な運営原理に基づく土地所有者主義という矛盾が見られるのである。すなわち「集落営農のジレンマ」の段階にある地域農業組織は、分解を促進する組織構造と機能を持つ一方で、その組織原理なり組織風土は「むら的」な原理を有している、という矛盾を内包しているのだ。

Ⅳ　新たな動向－地域農業組織の広域組織化－

1　地域農業組織の広域組織化と重層化

2010 年代に入り、地域農業組織の組織変革は新たな段階に入った。その一つが地域農業の広域連携であり、その組織化（＝広域組織化）であり、そして地域農業組織自体の重層化である。

地域農業組織の広域連携や広域組織化自体は比較的早い段階にその実践も見られる。例えば集落営農組織の法人化のモデルケースである島根県のＴ地区では、地域内の複数の地域農業組織の連合組織体を 90 年代に形成し、一体的な経営を行っている（金子、2006）。

また広島県のＯ地区では、平成合併前の行政単位で、複数の集落営農組織と大規模経営体による転作共同から、販売共同、購買共同を経て、00 年代に広域の連携組織自体の法人化が行われた（田代、2009）。ただし、10 年代に入るまでこうした広域連携は点的な存在であり、全国的な広がりはあまり見られていない。

10 年代に入り「集落営農のジレンマ」が議論され、また地域内の家族内と世代間の分業体制が脆弱化することで生じる後継者問題が深刻化する中で、新たな取り組みとして地域農業組織の広域連携とその組織化が進みつつある。具体的には山口県等で先行し、山口県、島根県等では県農政のメニュウとして集落営農組織間の広域連携が掲げられている（小林、2015）。

集落営農組織間の広域連携はまず大豆や麦・飼料稲等の機械共同や、ヘリ防除・ドローン防除、畦畔管理作業機械の導入等の機械共同が、ネットワーク型組織として進みつつある。

次に、肥料・農薬等の資材購買の共同化や、コメの販売共同、さらには経営管理労働の共同化等への展開が見られる。これらの広域連携は、おおむね小学校区単位や平成合併前の行政単位で進み、まずは組織間の連携というネットワーク型組織化で進んだ。そして、近年ではネットワーク型組織自体の法人化も進みつつある。

以上の広域連携とその組織化を地域農業組織として模式化するならば、図3−3のように三階建ての重層構造として捉えることができる。1階部分は農業集落を基盤とする任意の利用調整組織（＝地域主体）となる。2階部分は農業集落を範囲とする経営組織（＝利用主体）となる。この2階部分が、これまでの中間組織体としての地域農業組織である。その上で、3階部分として複数の地域農業組織が機能連携するネットワーク型組織が形成され、その法人化が進みつつある。すなわち、二階建てから三階建てへの地域農業組織の重層化である。

図3−3　地域農業組織の広域組織化と重層化

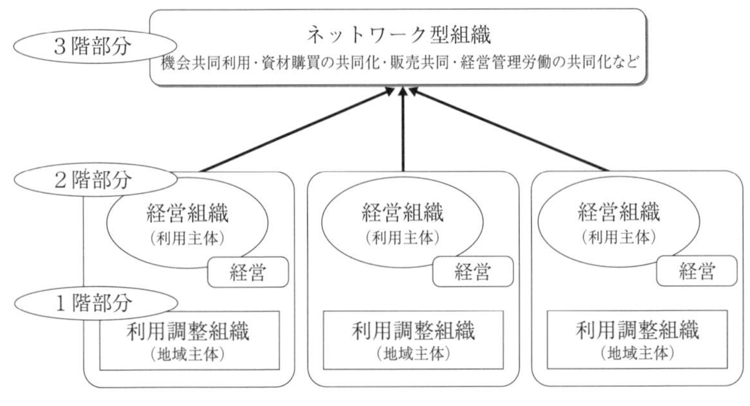

資料：著者作成

２　いくつかの新しい広域組織化と重層化の事例

広域組織化と重層化は、また新たな様態も見られる。それは１階部分の利用調整組織を、集落を超えて小学校区や平成合併前の行政単位で広域化する事例である。１階部分の利用調整組織の広域化は、中山間地域直接支払制度など交付金の集積効果を得ることができるというメリットがあるとともに、様々な事務作業を一本化しコストを低減するといった効果もある（図３−４）。この１階部分の利用調整組織の広域化は、一般社団法人化する事例も多くみられ、長野県や鳥取県などで事例が先行している[1)]。

図３−４　地域農業組織の広域組織化と重層化の新たな様態

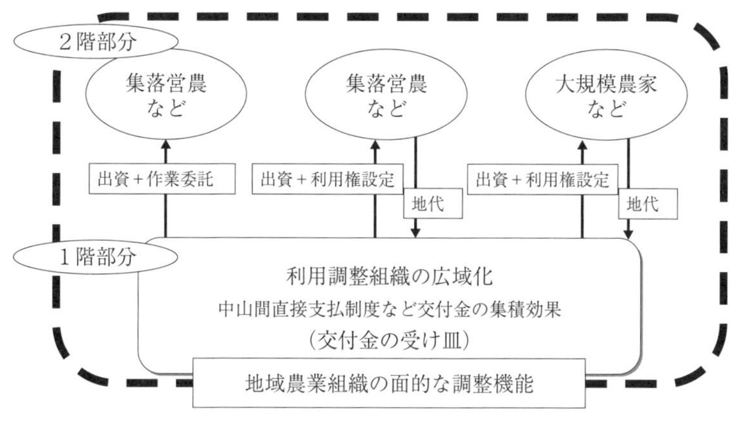

資料：著者作成

１）長野県飯島町の田切地区では、2015 年３月に一般社団法人田切の里営農組合を設立した。地区内の農家 256 戸が加入し、中間管理事業を活用して約 100ha の農地を集積した。一般社団法人は農地の利用調整と生産調整を担い、農業経営は地区の担い手が行う。一般社団法人化している事例としては、他に鳥取県日南町の一般社団法人笠木営農組合等がある。

地帯構成区分から見ると、また新たな類型化も見えてくる。前述したネットワーク型組織は、主に滋賀県、広島県、島根県、山口県、大分県など西日本で事例が多い。これらは、あくまで農業集落を単位とする地域農業組織自体が経営主体であり、3階部分のネットワーク型組織は2階部分の経営主体を補完する機能に限られる。

対して東日本、特に東北では農業集落を超えて小学校区等、より広域で組織化される事例が見られる。なかには200～300ヘクタール規模で複数集落を内包した組織化もある。その組織内部には自立した経営を行う認定農業者を内包し、コメ生産は各農家が経営し、地域農業組織は主に大豆・麦などの生産調整を組織的に経営する事例もある。いわば地域農業のプラットフォーム化と言える組織形態である。

また、九州や北関東、東北などでは経営所得安定対策や農地中間管理事業に対応して組織化された枝番管理の広域の地域農業組織も多い。枝番管理の広域の地域農業組織は、依然として経営主体は家族農業経営にあり、地域農業組織自体は家族農業経営を政策的に補完する存在である。より踏み込めばその生産過程の多くは家族農業経営に内部化されており、あくまで政策対応の組織化と言えるであろう。

ただし、枝番管理の広域の地域農業組織のいくつかでは、自立できなくなった家族農業経営への対応が迫られつつあり、より経営を統合する組織化などの模索も見られる。

3　広域組織化と重層化の環境要因と組織変革

もちろん、地域農業組織の広域組織化や重層化のプロセスは、農産物市場のグローバル化とそれに伴う国際化農政の影響を強く受けており、端的に言えばコメ価格の低下への対応であり、生産調整政策への対応も重要な環境要因である。

しかし、現段階で広域組織化や重層化が広がりを見せている環境要因は、家族農業経営の労働力不足や後継者不足だけではなく、地域農業組織自体の労働力不足や後継者不足である。人手不足の問題が、個別の家族農業経営の段階から、地域農業組織の段階へと深化しているのだ。ここでは、特に重層化に着目して、地域農業組織の組織変革を各階層別に見ていこう。

1階部分は土地利用調整機能と交付金の受け皿機能が残り、その主体は依然として農地所有者である。この農地所有者を「ぎりぎりの自作農」として見るか、農地の出し手≒所有者として見るかが農業政策の対象として問われる。2階部分は依然として農業経営の主体を担い、生産過程と商品化過程と分配過程を内包し、経営管理機能を持つ利用主体である。ただし、集落営農のジレンマを抱え、そして地域内の世代間分業体制を抱える中で、2階部分自体の労働力不足や後継者不足が課題となっている。3階部分は、生産過程と商品化過程、経営管理機能の一部の相互補完であり、地域農業組織間の協業形態である。さらにその法人化が進みつつあるが、法人化した場合、2階部分が持つ利用主体の機能の一部が、3階部分に移行しうる。先行する山口県の事例では、2階部分はコメ経営を行い、3階部分は地域全体の大豆の一貫経営を担うことを目的とし、3階部分を法人化した。ただし、大豆生産の圃場の利用権設定を2階部分に残すか、3階部分に移行するかは議論が行われている。それは一つに制度上の問題であり、税制上の問題を含む。

以上のように地域農業組織の重層化を整理すると、地域農業組織が、すでに中間組織体足りえなくなっていることも検討せざるを得ない。それは、藤谷（1998）が整理したように中間組織体を個別農業経営体の協業の形態として捉え、その経営主体を家族農業経営におくことが不可能となっているからである。すなわち、90年代を境に、我が国の土地利用型農業における地域農業組織は、家族農業経営の補完から、代替へと転換しつつあり、従来中間組織体として位置付けられた地域農業組織それ自体が地域農業の経営主体となりつつあるからである。

4　その他の地域農業組織をめぐる新たな動向

現段階の地域農業組織をめぐる動向は、多様化している。一つは、地域づくりとの接点である。そもそも地域農業組織の多くは、地域農業自体の経営主体となりつつあるが、その出発点は農地の維持を通じての地域の維持であり、地域政策の色合いも強い。

永田（1991）・安藤（1996）らが指摘した生活結合という結合論理が1990年代に提示されたのは、過疎化と高齢化による地域課題の深刻化が課題として発現し、問題化したのが90年代であるからであろう。そうした環境変化の中では、地域の維持を目的とする地域政策の対象としての意味合いが強い地域農業組織が、地域づくりに接点を求めることは当然である。

地域づくりとの接点として、具体的には、地域農業組織と地域自治組織（Region Management Organization）との重層化が挙げられる。「担い手経営体」としての地域農業組織と、むら機能の革新としての地域自治組織を重層的に組織化する地域は増えつつあるし、地域自治組織が地域農業組織を形成する地域も見られる（楠本、2010）。

また、地域づくりに関わっては、田園回帰との接合点も見いだされる。島根県の集落営農組織の法人化では、都市的地域から農村地域に移住した人々に対して、地域農業組織が積極的に関与し、また地域農業組織が彼等を雇用する事例も見られる（農文協編、2014）。事例の中には、地域外の若手人材が経営者として経営管理労働を担う地域農業組織も現れた。地域外の人材が雇用され労働力や経営者となることは、地域農業組織のこれまでの組織原理とは異なる動向である。すなわち、地域内の家族農業経営を地域主体とする組織から、外部に開かれた組織へと変わっているのである。それがなしえる要因は、地域農業組織が家族農業経営を代替する組織に変化し、地域農業組織自体が地域主体となっていることの証左であろう。また、地域政策から離れて農業経営に限定した視点から見ると、生産過程の外部化としてのコントラクターの成立や、原料供給部門としての垂直的統合に組み込まれる地域農業組織なども現れつつある。

以上のような地域農業組織の現段階の組織変革は、家族農業経営を地域主体かつ経営主体とする中間組織体から変化し、地域農業組織それ自体が経営主体、さらには地域主体となりうる新たな段階を迎えつつあると整理しうる。

Ⅴ　まとめにかえて

本論の結論は次のとおりである。第一に現段階の地域農業組織は、家族農業経営を代替する組織へと変化しつつある。それは、利用権設定段階における地域農業組織の組織変革であり、1980 年代までの家族農業経営の補完としての地域農業組織は、家族農業経営を代替する地域農業の主体へと変化していることを意味する。もちろん、地域差はあり、東北地方などでは依然として地域農業組織が家族農業経営を補完する存在であろう。しかし、環境変化の中でいち早く課題が発現した中山間地域を出発点として、地域農業組織の組織変革は拡がりつつある。

第二に、地域農業組織の組織変革は、地域農業組織自体を主体として、新たな中間組織体としての広域化、重層化の段階に入った。そこでは、家族農業経営自体は後退し、むしろ新たな外部人材の参画なども見られる。ただし、論点として、地域をどの範疇で捉えるのかということは残る。現段階では、おおむね小学校区などを単位とした範域での広域化、重層化が進んでいるが、中には平成合併前の行政を単位とする広域化、重層化も見られる。地域の範域をどのように捉えるのか、特に政策的インプリケーションをえる上では、議論が必要である。

そして、分配構造から見た地域農業組織の組織風土が依然としてむらに依拠しているならば、その範域の拡がりがどのように組織風土を変化させうるかという点も議論となりうる。少なくとも、広域化してむらの同質性が失われるのであるならば、分配構造は収益性そのものに依拠しうる可能性がある。それは、地域農業組織の組織風土の転換となりうる。

また、別に検討すべき課題として、従来、地域農業組織を構成する主体として位置付けられてきた家族農業経営をどのように把握するかという点を挙げたい。田代（2006）は「ぎりぎりの自作農」として積極的に位置付けるとし、それは地域政策、地域づくりとの接合点として重要な示唆である。

他方で経済原理としてのみ見るならば、利用権設定段階の地域農業組織は、農民層分解のふ卵器（インキュベーター）としての機能を発揮している。その結果、離村、他出を引き起こしている。

農業経営学の領域として、家族農業経営をどのように把握するのかが問われているのであり、その位置付けによっては、中間組織体として地域農業組織を把握することは困難となり、新たな位置付けを付与する必要性も出てくるのではないだろうか。

Ⅵ （補論）第三形態としての農業協同組合

1 総合農協の組織変革＝ビジネスモデルの転換

前述のとおり、藤谷（1998）は第三形態として「個別農業経営体の経営機能を多面的にバックアップする中間組織」＝農業協同組合を位置付けている。今日的には藤谷が言うところの「第二形態」も農業協同組合の機能であり、そうした意味では農業協同組合は中間組織体として位置付く。

本論は、主に第一形態に焦点を当ててその組織変革を歴史的に概観してきたが、補論として農業協同組合についても簡単に触れておこう。

農業協同組合のうち、「JA」という愛称を有する信用事業を兼営する総合農業協同組合（以下、総合農協）は、1990年代から2000年代にかけて大きくそのビジネスモデルを転換した。1990年代前半までの総合農協の大層のビジネスモデルは食管制度に基づいて、コメを集荷することであった。国が指定する価格で販売されたコメ代金は信用事業を通じて総合農協の経営内に循環される。国が指定する価格で販売されること、更に系統組織化されていることから個々の総合農協の経営は規模の経済を働かせることなくその経営を維持することができたため、比較的小規模な経営が多かった。

しかし、食管制度が廃止されると状況が一変した。金融市場の国際化、バブル経済の崩壊、その象徴としての住専問題に起因して総合農協はビジネスモデルを大きく転換せざるを得なかった。新しいビジネスモデルは、農外を含めた貯金吸収力の拡大である。貯金を広く吸収し、系統預金を通じて国際市場で資金を運用し、その収益を各単位農協に還元するというビジネスモデルである。そして、そのためのシステムとして系統一体型のJAバンクシステムが法的に整備された。すなわち、総合農協はコメ集荷型から貯金吸収型へとそのビジネスモデルを大きく転換した。言ってみれば政策遂行機能から、信用事業依存型への経営の転換である。信用事業依存型の経営は、規模の経済が働くことから広域合併を促進させ、同時に金融市場の環境変化に対応して減少した収入を管理費の削減でカバーするという「減収増益」路線を進むこととなる。

以上の1990年代から2000年代にかけてのビジネスモデルの転換が、総合農協の広域合併と減収増益路線という組織変革をもたらした。そして、その要因は農業政策の歴史的な転換であり、また外部市場の環境変化への対応と言える。

２　総合農協の組織変革と地域農業組織

総合農協と地域農業組織、特に藤谷が位置付ける第一形態との関係の変化を見ていこう。

総合農協は、1960年代の営農団地構造以降、地域農業の組織化に大きな役割を果たしてきた。それは政策遂行機能と政策浸透機能の両面からも明らかであるが、地方農政と協力しつつも、農協系統独自の取り組みも多い。

大きく変化が生じたのは2000年代の経営所得安定対策以降であろう。2000年代は農協改革として国が主導する営農経済事業改革が進められた。国主導で地方行政の改良普及員の減員などスリム化が進められると同時に、農協改革により総合農協の営農指導事業の位置付けを高めることによって、政策浸透機能を一定程度、総合農協に押し付けていった。経営所得安定対策時に農協系統は水田ビジョン運動を精力的に展開し、地域農業組織の組織化を全国的に進めることになる。その後は地域営農ビジョン運動などを通じて、結果的に中間管理事業の政策の推進に寄与することとなった。もちろん、総合農協のこれらの地域農業組織の組織化自体は自律的な産地づくりの運動であったが、それは同時に総合農協に政策浸透機能を押し付けた結果と言ってもよい。他方で、総合農協のビジネスモデルは貯金吸収型となり、信用事業への依存が高まった。さらにビジネスモデルの転換に対応した組織再編、すなわち広域合併が進むことで、総合農協の営農経済事業の収益性が課題となっている。さらに、近年では県域統合などさらなる広域合併が進み、地域農業自体への関与の在り方がそのマンパワーの点からも問われている。

2010年代の農協改革では、法的にも農業所得の増大が総合農協の目的とされた。多くの総合農協ではJA自己改革として農業所得の増大に取り組んでいるが、他方で広域合併の中で、広域化した管内の地域農業を面的にカバーすることも難しくなっている。具体的には、農業集落単位での対応が難しくなり、替わって支所支店単位、営農経済センター単位のより広域の対応が進みつつある。しかし、今日の総合農協の支所支店の単位は、小学校区を大きく超えて中学校区、さらには平成合併前の市町村単位まで広域化しつつある。こうした広域化のなかで、どこまで総合農協が個々の地域農業組織に対応できるか課題は多い。

地方行政における農政機能の後退も著しい中で、より広域化した総合農協が地域農業組織にどのように対応していくか強く問われている。しかし、総合農協の現場では多様な取り組みも進みつつある。その一つが広域的な地域農業組織の組織化であり、その一つがJA出資型農業生産法人など総合農協自ら農業経営に関わる取り組みの拡がりである。他方で、農業集落への対応は手つかずのようだ。総合農協の多くは、外部組織である農業集落単位の組織（生産組合、実行組合など）を基礎組織として位置付ける。基礎組織は、総代など総合農協の役員の選出機能といったガバナンス機能を担う。同時に、歴史的にこの基礎組織を単位として地域農業組織の組織化を進めてきた。しかし、総合農協が広域化する中で基礎組織への対応は難しくなっている。

これからの地域農業組織の変革を考えていく上で、歴史的にその機能を果たしてきた総合農協の在り方がどのように変化するのか、という点も今後検討すべき課題である。

引用文献

安藤益夫（1996）『地域営農集団組合の新たな展開』農林統計協会.

磯辺俊彦（1980）「土地所有転換の課題－集団的土地利用秩序の問題構図」『農業経済研究』52（2）: 52-59.

磯辺俊彦（2000）『共の思想』日本経済評論社.

金子いづみ（2006）『集落営農の労働力編成（日本の農業あすへの歩み 238)』農政調査委員会.
楠本雅弘（2010）『進化する集落営農　新しい「社会的協同経営体」と農協の役割』農山漁村文化協会.
小林恒夫（1991）「営農集団の展開と構造」『市立名寄短期大学紀要』23：3-27.
小林元（2015）「中国四国：中山間地帯－集落営農法人先行地域と「4つの改革」」谷口信和・石井圭一編『日本農業年報 61 アベノミクス農政の行方』農林統計協会.
永田恵十郎（1991）「広島県庄原農協における生産生活統合型営農集団組合のあり方を考える」平成3年度文部省科学研究費補助金総合研究.
伊庭治彦（2012）「近畿地域の農業構造変動」安藤光義編『農業構造変動の地域分析－ 2010 年農林業センサスにみる農業構造の変化』農山漁村文化協会：209-236.
高橋正郎（1973）「日本農業の組織論的研究」東京大学出版.
高橋正郎（1983）「集団的土地利用と地域マネジメント」梶井功・高橋正郎編『集団的農用地利用　新しい土地利用秩序をめざして』筑波書房：97-118.
田代洋一（2006）『集落営農と農業生産法人』筑波書房.
田代洋一（2009）『混迷する農政　協同する地域』筑波書房.
農文協編（2014）『集落営農の事例に学ぶ　集落・地域ビジョンづくり』農山漁村文化協会.
藤谷築次編（1998）『日本農業の現段階的課題』家の光協会.
綿谷赳夫（1979）『農業生産組織論（綿谷赳夫著作集第三巻)』農林統計協会

第４章　農業経営学において組織構造変革はどのように捉えうるか

西　　和盛

1　はじめに

本書の第一部では、農業経営における組織変革のなかでも組織構造に着目して、その実態・要因・効果が扱われてきた。具体的には、①農業経営を巡る環境変化への適応としての組織構造変革の実態分析、②法人化という組織構造変革とそのインパクト（効果）に関する定量的分析、③地域農業組織の変遷の整理による織構造変革の要因分析が報告された。本論では、これらをうけて、主に、農業経営学における組織構造変革の調査研究の可能性や課題について、検討してみたい。検討にあたって、第１に、農業経営における組織構造変革の議論の対象範囲はどのように設定されるのか、第２に、組織構造変革の結果をどのように評価しうるか、第３に、本議論をつうじた既存の農業経営学の理論の再整理やさらなる深化・発展のためには、どのような調査・分析を積みあげていく必要があるか、の３点に注目する。なお、第二部の議論と重複することになるが、組織構造変革を議論するさいに、経営戦略や組織文化との関係を切り離すことはできないため、その点についても、若干ふれながら考察を加えていく。

2　農業経営学における組織構造変革論の範囲

（1）組織構造の変革とは何か－組織の規模や組織形態の視点から－

組織構造の変革とは何か。一般経営学における組織変革論において、たとえば、大月（2005）は、組織変革を「組織の主体者が、環境の変化がもたらす複雑性の中で行う組織の存続を確保する活動」としている。これに従うならば、農業経営の組織構造の変革は、環境変化に適応するための組織構造上の変更であると考えられる。すなわち、経営耕地の規模や事業規模によらず、あらゆる農業経営が対象となる。もちろん、ここまでに扱ってきたように、中間組織の形成、法人の設立、集落営農組織といった農業経営においては一定程度以上の規模の組織が対象となりやすく、複雑な事業構造をもたない零細な経営での議論は、これまでにされてこなかったかのようにみえる。現に、個別農業経営体に関しては、農業生産法人や企業的な農業経営の研究が進展するにつれて、組織構造が重視されるようになってきたと考えられる。また、地域農業組織においては、比較的早い時期から現在に至るまでに組織構造を対象とした多くの研究蓄積がある[1)]。

では、組織構造の変革とは、具体的に何を指しているのか。もちろん、組織の形態が変更されたり、新たな組織が形成されたりするのは、わかりやすい組織構造上の変更といえるだろう。そのほかにも、農業生産部門の増減、雇用労働力の導入、新たな事業部門への挑戦（事業多角化）、協働のための組織形成なども組織変革の要素といえるだろう。一方、作目構成の変更を例にとると、経営規模によって組織構造への影響は異なるように考えられる。より大規模な組織においては、組織構造を維持したままでも対応が可能なケースがあり、大きな組織構造の変革をともなわずに労働力の平準化や機械の効率的利用など経営戦略としての作目構成変更がおこなわれる。より小規模な農業経営においても、もちろん経営戦略としての作目構成の変更であろうが、これを実施するために組織構造の大幅な変更（たとえば、法人化や雇用労働力の確保など）となるケースがありそうである。このように、組織の規模や組織形態によって、組織構造変革の要素が異なっていることが問題を複雑にみせるが、このこと自体も研究課題とすることができるかもしれない。

（2）組織構造変革のメカニズムや評価へのアプローチ

組織構造の変革を調査・分析していくにあたって、主な関心となるのは、組織構造変革のメカニズムであり、さらには、変革によってもたらされる成

1）和田（1979）、目瀬（1980）、佐藤（1985）、高橋（2000）などにおいて、論じられている。

果であろう。変革の結果をどのように評価していくか、どのように分析を進めていくかを体系的に整理することが、農業経営学における独自の組織変革論構築のために必要であるが、非常に範囲が広く、ここでは扱いきれない。そこで、2019年農業経営学会大会シンポジウムの各報告（それらをまとめた『農業経営研究』第58巻第1号（通巻184号）、2020）を足がかりに、いくつかの検討をおこなう。

1）環境と組織構造の関係を時系列で追う

まず、変革を扱うという性格上、変革前後の変化を丁寧にみていくことは当然のことながら、特に重要であろう。具体的には、組織構造の変化、経営戦略の変化、組織文化の変化などが、経営内部の変化として整理されなければならない。また、環境適応としての組織変革であることから、各種の変化は、環境変化との関係の中でとらえられなければならない。社会経済状況の変化や家族のイベント（家族労働力の参入・退出、世帯員の結婚・離婚・妊娠・出生・疾病・死亡など）、変革のきっかけとなった経営主の経験やイベント、個人的動機などについても丹念に調べられる必要がある。これらの環境変化と組織構造の変革の計画から実行に至るまでの時期を重ね合わせることで、環境変化と組織構造の関係が、より明確に浮かび上がってくると考えられる。

ここで、簡単に環境と組織構造の関係について、確認しておこう。一般経営学では、内部環境要因のうち、経営戦略や人的資源、さらには組織文化が組織構造に影響を与える、と考えられている。農業経営においても、「組織は戦略に従う」（チャンドラー、1967）であろうし、経営戦略が組織構造を規定していく側面はあると考えられる。人的資源は、労働力の増減、経営者のリーダーシップ、従業員の職能などを通じて、組織構造に影響を与えることが考えられるだろう[2)]。なお、組織文化は、「企業組織のソフトな内部構造」であり、特に経営変革における「重要な資源（文化資源）」と捉えられている（若

2）小林（2020）では、組織構造の変革が内部環境である人材の減少つまり労働力不足や後継者不足によってもたらされていることが示されている。

林・野口、2020)。

外部環境は、一般に、市場環境、制度的環境、社会・経済環境、技術に関する環境、競合環境などに整理される。農業経営においては、特に制度的環境のひとつである農政の動向が組織構造に大きな影響を与えると考えられる[3)]。社会的環境でみれば、たとえば、都市化や女性の社会進出、家族の変化といった要因が人々の食生活を変化させ、それがフードシステムの進展を促している。これは、フードシステムの川上にいる農産物の生産主体である農業経営が川中や川下に向かって事業を拡大したり、既存の企業と連携したりすることによって、事業構造を変化させる動きをもたらしており、間接的に影響を与えているとみることができる。近年の技術革新の急速な進展は、財務構造や事業構造に影響を与えることがあるだろう。ほかにも、農産物価格や農業資材価格の変化や自由貿易の進展、農業への大資本の参入など、農業経営を取り巻く環境は複雑でかつ急速な変化をみせており、個別農業経営体や地域農業組織は、それらの変化に対応するように組織構造を変化させる。

2) 変革の動機や組織文化

環境変化は、日々起こっているが、環境変化に対する反応の現れ方は、組織によって異なる。なぜなら、経営主を中心とした意思決定者の経営志向(リスク選好など個人の性格に起因するものも多分に含む)は組織によって異なるからである。さらに、経営志向に基づく組織目的や組織文化の違いによって、環境変化の認知のしかた、環境変化の影響の評価軸、対応の方法なども異なってくる。これらの違いは、どの環境変化を重要視するのか、いつ対応を検討し始めて、いつ実際の行動を起こしていくのか、また、戦略的に対応するのか、組織構造変革によって対応するのか、といった反応の違いとなって表れてくる。以上のことから、組織構造変革の実態や要因の解明にあたっては、変革

---

3) 制度的環境(特に農政)が組織構造変革に大きな影響を与える例は枚挙にいとまがないが、たとえば、藤栄(2020)が分析対象とした稲作単一経営の法人化の背後には、1992年の「新しい食料・農業・農村政策の方向」以降の農業経営の法人化の推進があるだろう。

の動機に注目する研究課題の設定も有効であろう[4)]。なお、組織文化に関する議論は第二部に譲るが、これも組織変革において重要な役割を果たすと考えられていることから、今後、議論が進むことを期待したい[5)]。

3）成果の評価・分析

組織構造変革によってもたらされる成果が何であるか、どのように計測されるのか、適した指標はあるのか。これらの課題は、組織変革論の中でも多くの関心が集まるものであろう。この課題へのアプローチは、かなり多岐にわたるであろう。それは、まず、成果の種類が多様であることに起因する。たとえば、変革には動機や目的があり、その達成度を成果とすることが考えられる。ほかにも、経済的な改善、経営管理上の改善、関係主体との円滑なコミュニケーション、地域への波及効果などを成果として挙げることができるだろう。

また、成果をどのように評価するかも大きな課題である。たとえば、ある変革の動機や目的について、変革を通じてそれが達成された、あるいは達成に向かっている、変革というイベントがなければある事態を招いていた、などをみていくことが成果の測定に資する情報だと考えることができるが、これらを観察するのは容易なことではない。さらに、成果をどのように評価するかは、成果の種類に応じて異なり、そのことが課題へのアプローチの多様性を高めている。これを、現時点で網羅的に論じることは、非常に困難であると言わざるを得ないが、今後、定量的、定性的な研究の蓄積がおこなわれ

4）東山（2020）は、かつてない「持続性の危機」をうけて、北海道の一部の農家が、組織変革を通じて、「家族動機」を「地域維持動機」へと変換するに至ったと論じている。動機の変換と組織変革の前後関係や影響関係を検討することも、組織構造変革論において取り組まれる余地があると考えられる。

5）「組織文化」の用語自体は、農業経営学においてもすでにいくつかみられる。たとえば、内山（2011）は、家訓等を強固な組織文化と扱って整理し、これが継承されることがファミリービジネスの一種の強みになることを指摘している。高橋・梅本（2012）においては、集落営農の合併の際に一般の企業組織ほどは組織文化の統合が重要視されないことが指摘されている。

ていくことで、整理が進むことが期待される[6)]。

4）マルチレベル・アプローチ

以上のような事項の検討を通じて、組織変革をめぐるさまざまな研究課題にアプローチできると考えるが、まずは多くの場合シングルレベル（個人レベル、集団レベル、組織レベル）での調査・研究が進むであろう。農業経営学における組織変革論の議論として、もう一点重要なのが、シングルレベルでとらえられた組織変革がそれぞれにどのように関係しているかに注意を払うことである。たとえば、今日の地域農業組織は重層化が進んでおり、参加目的や個人属性の異なる多様な主体によって組織されている。こういった組織の組織変革の実態を捉えようとするとき、場合によっては複数主体の意思決定のプロセスをみていくことも必要になるだろう[7)]。このようなマルチレベルの考え方、すなわち包括的な組織変革プロセス[8)]が検討されることによって、組織変革論がさらに深まっていくことが期待される。

（3）組織構造変革論の進展に向けての調査・分析例

ここまで、組織構造変革論の対象範囲について検討してきた。今後、個々のケースの調査・分析の積み上げによって、整理が進んでいくことが期待されるが、東山（2020）を例にとりながら、組織構造変革論の進展に向けた調査・

6）組織変革に関する定量的分析として、藤栄（2020）は、農林業センサスの個票パネルデータなどを用いて、法人化のインパクト評価をおこなっている。一般的には、マクロな客観的データの収集は困難なことが予想される。聞き取りによる定性データの収集、調査・研究の積み上げによって、定量的な分析手法が構築されることが期待される。

7）本論では、主に組織変革が「起こる」ことを中心に扱っているが、組織慣性によって変革が阻害されるケースも考えられる。この点も、伊庭（2020）が指摘するとおり、組織変革論においては重要な論点である。組織変革論におけるプロセス研究については、古田（2013）に詳しい。

8）古田（2015）では、組織変革論におけるマルチレベル分析の導入可能性が検討されている。ここでは、シングルレベルを踏まえながら議論される組織変革プロセスを包括的組織変革プロセスと呼んでいる。

分析の方法について、前項での考え方を重ね合わせながら検討してみよう。

東山は、「地域維持の限界を超えて進む農家減少」という環境変化への適応行動をとらえ、環境適応を目的に北海道において新たに設立された組織（第三者継承支援組織と複数戸法人）を対象に、地域農業における特徴的な対応に注目している。ここで扱われた２つのケースでは、環境変化とその適応の関係がはっきりとしており、非常に分かりやすいが、多くの調査・分析においては、環境変化と適応行動の関係は上述した時系列での把握となっていくであろう。もちろん、これらのケースでも、環境変化への反応がいつから、どのようなかたちで表れてきたのかを詳細に分析することで、新しい知見を得られるかもしれない。ここで取り上げられた第三者継承支援組織は、後継者のいない同一地域の酪農家による組織化であり、「居抜き型の第三者継承」という目的を共有している。この事例では、組織構造への言及はないものの、具体的な取組や実績からみると、おそらく中間組織であり、会員は第三者への経営移譲を前提とした個別経営体であろう。さらに踏み込んだ分析を進めるためには、たとえば、この組織の事業の範囲は、研修生を確保し斡旋する就農支援のみなのか、組織と酪農家あるいはその他の主体との間でどのような金銭の出入りがあるのか、新規参入者の集め方や新規参入者が負うべき負担はどのようなものか、などの把握が重要であろう。また、現状把握にとどまらず、「地域維持の限界を超えて進む農家減少」という環境変化が認識され始めてから、組織が形成されるに至るまでの各関係主体の意思決定のプロセスを追ってみることも、組織構造の変革の実態や要因を捉えるのに有効であろう。

第三者継承組織の設立の成果の評価は、組織としては、もちろん第三者継承が円滑に進んだかどうかを中心に分析されるであろう。一方で、関係する主体にとっては、それだけではないことも考えられる。たとえば、移譲者は継承時期の希望や継承者に求めたい能力などがあるかもしれない。継承者としても、理想としたい研修先や経営像があるかもしれない。こうした場合、希望通りのマッチングがおこなわれたかなどが主な分析対象となるであろう。農業経営学における組織構造変革論において、マルチレベルも含めた研究が求められるのは、この事例ひとつをとっても、よく理解できる[9)]。

3　おわりに

本論では、東山（2020）、藤栄（2020）、小林（2020）に基づきつつ、農業経営学における組織構造変革の調査研究の可能性や課題について、検討してきた。対象範囲としては、あらゆる農業経営が対象になりうること、組織構造変革の要素、調査・分析および組織変革の結果の評価における動態的視点、動機への注目、マルチレベルの視点の重要性などを検討した。農業経営の組織構造変革論は、環境変化への適応としての各種構造の変革の結果を統合する理論とされているが、以上に見てきたように、対象となる主体、環境変化、組織構造のいずれもが非常に多様で複雑であり[10)]、複雑さを前提にする限り、各種構造変革の結果を統合していくためには、相当な事例の積み上げが必要である。また、本論では詳しく述べなかったが、分析フレームワークの構築を目指すのも、有効な手段であると考えられる[11)]。

最後に、本論では環境変化とその適応としての組織構造変革を中心に検討してきたが、見落としてはならない重要な点は、組織構造は経営戦略と一体的に捉えられるべきであるということにある。すなわち、「環境変化と組織構造」という関係のみならず、「環境変化と経営戦略」さらには「経営戦略

9）農業経営学において、地域農業組織は主要な分析対象のひとつであるが、シングルレベルが実に多様である。個別農業経営は、経営耕地規模や事業規模、専業／兼業の別、年齢層、などが多様であるし、土地持ち非農家もいることから、各主体の参加目的・動機は異なるだろう。ここにも、マルチレベル・アプローチの重要性をみることができる。

10）たとえば、八木（2013）は、「個々の事業の範囲を厳密に定義することは不可能」と述べ、事業構造を把握する困難性にふれている。

11）渋谷（2020）は、企業の農業参入における分析の一手法として、効用構造評価フレームの活用を提案している。この分析フレームは、企業の農業参入の非経済的要因を分析することに主眼をおいており、組織構造変革論への援用も十分に可能であると考えられる。また、総花的になりやすい議論を要素に分解して理解したり、関係づけて整理したりするのに、非常に役立つ。このようなフレームの構築を目指すことも、調査・分析の積み上げとともに、農業経営学における組織構造変革論の発展にとって、重要な作業となりうる。

と組織構造」という関係を一体的に捉えていかなければ、ノイズを含んだり、関係を見誤ったりする可能性あることにはふれておきたい。

引用・参考文献

アルフレッド・D・チャンドラー（1967）『経営戦略と組織』（三菱経済研究所訳）実業之日本社.

伊庭治彦（2020）「農業経営学における組織変革論の必要性と独自性」『農業経営研究』58(1)：3-9.

内山智裕（2011）「農業における「企業経営」と「家族経営」の特質と役割」『農業経営研究』48(4)：36-45. https://doi.org/10.11300/fmsj.48.4_36

大月博司（2005）『組織変革とパラドックス（改訂版）』同文舘出版.

小林元（2020）「中間組織体「地域農業組織」の組織変革に関する理論的検討」『農業経営研究』58(1)：41-50.

佐藤和憲（1985）「地域農業組織の組織モデル」『農業経営研究』23(2)：1-9. https://doi.org/10.11300/fmsj1963.23.2_1

渋谷往男編（2020）『なぜ企業は農業に参入するのか－農業参入の戦略と理論』農林統計出版.

高橋明広（2000）「重層的組織化による集落営農再編のための組織構造と誘因システム」38(3)：1-12. https://doi.org/10.11300/fmsj1963.38.3_1

高橋明広・梅本雅（2012）「合併組織における吸収・併存・融合に関する試論－集落営農組織の合併を事例に－」『農業経済研究』83(4)：234-245. https://doi.org/10.11472/nokei.83.234

東山寛（2020）「農業経営に求められる組織変革－環境変化への適応に関する理論的検討－」『農業経営研究』58(1)：10-18.

藤栄剛（2020）「農業経営の組織変革とそのインパクト－法人化を対象に－」『農業経営研究』58(1)：19-30.

古田成志（2013）「組織変革論におけるプロセスの検討―組織変革メカニズムの観点から―」『經營學論集』84：[5]-1-11. https://doi.org/10.24472/abjaba.84.0_G5-1

古田成志（2015）「組織変革論におけるマルチレベル分析の適用可能性」『經營學論集』84：F46-1-F46-7. https://doi.org/10.24472/abjaba.86.0_F46-1

目瀬守男（1980）「農業生産組織の組織論的諸問題」『農業経営研究』18(1)：1-9. https://doi.org/10.11300/fmsj1963.18.1_1

八木洋憲（2013）「農業経営戦略論の展開と実証性」『農業経営研究』51(3)：12-15. https://doi.org/10.11300/fmsj.51.3_12

八木洋憲・藤井吉隆（2016）「水田経営の規模の経済における組織形態の影響－作業の季節性とユニット数の視点から－」『農業経営研究』54(1)：105-116. https://doi.org/10.11300/fmsj.54.1_105

若林直樹・野口寛樹（2020）「農業経営組織の変革における組織文化の役割－農業法人研究における理論的意義の検討－」『農業経営研究』58(1)：31-40.

和田照男（1979）「農業生産組織の企業形態論的分析方法」『農業経営研究』17(1)：5-15. https://doi.org/10.11300/fmsj1963.17.1_5

第二部　農業経営における組織文化と経営戦略

第５章　農業組織における組織文化とその変革のあり方
―イノベーションと顧客への志向性―

若林　直樹・野口　寛樹

(Organizational Culture and Change in Large Farm Organizations)

１　農業組織に期待されるイノベーションと顧客への志向性

今日、日本において、農業生産者の耕作面積規模拡大に伴い、農業法人や農業生産組織は増大している（高橋、2014)。比較的大規模な農業組織は、そこで雇用される経営者、従業員の規模だけではなく、協力する農業生産者の数も多い。現代の農業組織では、農業生産者、経営者、従業員が市場や顧客、技術変化、自然環境の変化、地域社会の変化等に積極的に対応するだけではなく、他の産業の融合や新領域の創造をする農業６次産業化への取組が期待されている。農業組織が、こうした経営や事業の改革をする際に、経営者、従業員、関係する農業生産者の間で、変化に対応できる価値観、意識、認識、行動パターン等のソフトな面で広がりを持った改革をすることが期待される。農業組織の組織文化の議論は、ソフトな面の改革に注目する新たな視角である。

組織文化論は、Peters and Waterman（1982）が『エクセレント・カンパニー』において強い文化の持つ競争優位性を主張したことから注目を集めた。優れた大手製造業企業組織において、経営者や管理職、従業員の共有する独自の意識、価値観、認識、学習、行動パターンが、活動や業績に良い効果を与えるとの視点を打ち出した。組織文化とは、組織を構成しているメンバーの間で共有されている価値観や規範の体系であり、それは、同じ組織のメンバーや取引先、顧客などの外部者との相互作用のあり方をコントロールする（Jones、2013、p.201)。そのコントロールは、文化の共有やそれに基づく相互作用による社会的なものである（北居、2014)。近年、組織文化論は、外部環境に積極的に対応するイノベーション志向や顧客志向的な文化のもつ効果や構築に関する議論を発展させている。こうした面は、農業組織の抱える環境変化に対するイノベーションの展開や顧客・市場の理解というソフトな面での組織改革に、重要な示唆を与えると思われる。だが、農業組織は、独特な組織の特性を持つ。それは、第一に、人員規模が中小零細規模であり、第二に、家族が経営の基本単位であることが多く、第三に、地域社会との関連が深く、第四に、活動がコミュニティや自然の維持などの非営利的な面も持ち、第五に、様々な規制の強い産業にいる点である。そのために、大手製造業企業を基盤とした組織文化論のモデルは、農業組織に対する分析では、修正すべき課題も抱える。

本論は、比較的大規模な農業組織における組織文化とその改革の農業経営学的な意義を検討する。そのため、農業組織を家族以外の従業員や生産者を抱えるものと考え、農業法人もしくは農業生産組織を主な対象とし、農家は含まない。そして近年のイノベーション志向や顧客志向の組織文化論が、農業法人や農業生産組織のような比較的大規模な農業組織のソフトな側面の変革の分析に対して持つ意義を明らかにしたい。同時に、今後研究上取り組むべき課題についても検討する。そのため、次のように３点から議論を展開する。第一に、イノベーションや顧客を志向する組織文化の議論がどのように、農業組織の経営改革の分析に対して貢献するのかについてである。第二に、マーケティングマネジメントでの組織文化の議論に拠りながら、顧客志向的な組織文化への変革の議論とそれによる農業組織の変化について議論する。第三に、その分析枠組みを受け、商品作物ビジネスを行う企業を対象に、ビジネスモデルのイノベーションや顧客を志向する文化の活性化について事例分析を行う。最後に、本論のまとめと今後の農業経営学における組織文化論の研究課題について論じる。

2　現代の農業組織に期待される組織文化

（1）農業組織の現代的課題と組織文化

今日の農業組織は、様々な経営改革の必要性に直面している。次の４つの直面する経営課題に対しては、組織の内面での価値観、意識、規範、知識、行動モデル等のソフトな面の変革が求められる。そのために、農業組織の組織文化とその変革が重要な経営課題と捉えられるようになってきた。

第一に、農産品や農業技術だけではなく、サービス化やビジネスモデル、経営手法のイノベーションを進めて、6次化などを目指した農業生産の高度化や新たな展開を図る必要性が認識される。従って、社会変化に合わせて市場環境に提案できるイノベーションを促進する組織文化づくりと創造性を発揮する組織全体の行動変容が重要な課題になるだろう（清水、2013；岩元、2013）。第二に、組織面でも、農業組織で法人化をするだけではなく、規模拡大や川下への進出が認識されており（野村アグリプランニング＆アドバイザリー、2011）、組織の成長と開発を考えると、組織としての文化の共有や強化が経営課題となる。第三に、加工品生産や流通活動への進出、他の農作物分野との連携を進める場合には、外部提携にオープンな組織文化づくりも必要となるだろう。第四に、非家族従業員や外国人従業員の雇用と定着、能力開発を進めるには、従来の家族経営や地域組織を中心とする行動原理から、人材の多様化に対応した意識改革は必要である。ワークライフバランスの導入、そして外国人の雇用と多様性への対応の改革は求められる。

（2）ソフトな経営資源としての組織文化

組織文化論は組織のメンバーに共有された集団規範、価値、意識、制度などが、メンバーの行動や組織の能率に影響するメカニズムを研究の焦点としてきた。組織文化とは、基本的に「組織を構成しているメンバーの間で共有されている価値観や規範」とみられている（Jones、2013、p.201）。そして、これは同じ組織に属する経営者や従業員の内部における相互作用だけではなく、顧客や外部の人々との相互作用の仕方に強く影響する。組織文化は、組織成員の前提となる価値やものの見方を表した象徴であり、組織で共有されるストーリー、儀式、シンボル、言語に現れる。これは、意識や価値観、それに基づく言葉、理念標語だけではなく、ロゴや建築などの人工的な物にも表象される（Schein、2009＝訳2016）。では組織文化、その組織の真理はどのように創造され、コントロールされるのだろうか。Schein（1985）はそれこそがリーダーの力、またリーダーシップの重要な機能の1つであるといっている。

組織文化論は、組織文化が企業組織のソフトな内部構造であり、経営者や従業員の相互作用や行動を制約するだけではなく、実際の活動を形作るという新たな視点を与えた[1)]。組織文化は組織としてのアイデンティティー、共通の解釈ルール、組織へのコミットメント、そして組織の一貫性と安定性を創り出すとされる（Kreitner and Kinicki、2011、pp.66-68）。そして、経営者（リーダー）が、事業や戦略に適合する組織文化を構築し、強い文化へと強化することにより、組織行動のソフトな統制が行え、競争力が得られるとの認識も生み出した。Peters and Waterman（1982＝訳 1983）によれば、企業の信奉する価値観がトップから末端まで浸透し、一つの包括的な信念が形成されている状態を、「強い文化」と呼び、それに基づく実践はメンバーから高いコミットメントを引き出し、それを企業にとって望ましい方向に向けさせることが可能となる。それ故に、組織文化はソフトな経営資源、または見えざる資産ともいわれる（伊丹、2004）。

従って、組織文化は、開発や変革が可能なソフトな経営資源として認識されるため、組織変革の重要な対象として論じられる。組織がその目標達成の困難さを感じたり、活動業績の低下を感じたりする場合には、組織の持つ価値観、意識、行動モデル、業績評価枠組などで経営環境への適応力が低くなったと感じる。その場合には、経営改革の一環として組織文化の変革が目指される。その変革を通じて、経営や事業活動の変革につながる従業員の行動変

1）組織文化論は、機能主義的組織文化論と解釈主義的組織文化論にわけられる（坂下、2002）。前者が組織文化は変数化が可能であり、変数間の関係が理解されることで、組織をコントロールするための手段として利用可能な立場となる。一方後者は人間の思考や相互行為の結果としての組織文化があるとみる立場である（ただし、それは組織形成のための資源ともなる）。誤解を恐れず単純化するのであれば、結果に影響を与える立場が前者であり、後者は変革の結果であり、変革を検討する対象ではない立場である（ローシュ・マクタグ、2016）。本論では前者の立場で以降の議論を展開する。

容がもたらされると考えられている。Deal and Kennedy（1982＝訳1983）が「シンボリック･マネジャー」として概念化したように、経営者の役割として、文化変革をすることで競争力を構築する面が考えられるようになった。

（3）外部志向の組織文化の持つ効果

組織文化の特徴とその効果を検討するにあたり、主流となるのが、Cameron and Quinn（2006＝訳2011）による競合価値観フレームワーク（Competing Values Framework：CVF。以下CVF）である。主にさまざまな従属変数や媒介変数との関係を分析することに焦点が置かれている。CVFにおいて文化は、縦軸に「柔軟性と裁量権や独立性」と「安定性と統制」、また横軸に「組織内部に注目する傾向と調和」と「組織外部に注目する傾向と差別化」をとり以下4つの概念に統合されている（図5−1）。

図5−1　組織文化の競合価値観フレームワーク（CVF）

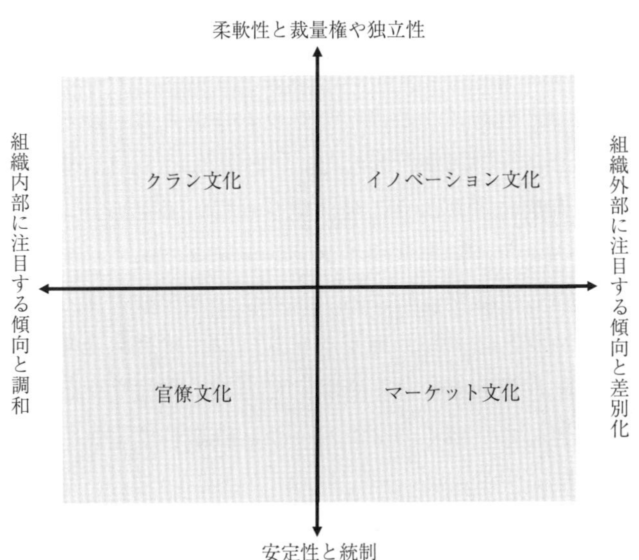

（注）Cameron and Quinn (2006) p.35，また邦訳 (2011) p.53を参考に作成

組織文化研究の初期は、その強度アプローチと呼ばれる視点が注目をされていた（北居、2014)。前述した、Deal and Kennedy（1982＝訳 1983）の主張もそうであるが、「強い文化」を持つことが好業績をもたらすとしていた。企業の信奉する価値観がトップから末端まで浸透し、一つの包括的な信念が形成されている状態を「強い文化」と呼び、それに基づく実践はメンバーから高いコミットメントを引き出し、それを企業にとって望ましい方向に向けさせるのである（Peters and Waterman 1982＝訳 1983)。

強度アプローチは共有された価値観が好業績をもたらすという主張であるが、その根拠の背景としてはコントロールの問題と、理念的インセンティブの存在がある。北居(2004)は３つの点から、その論拠をまとめている。第一に、社会的コントロールという視点である。価値観が共有されると、適切な行動や決定についてメンバー間に合意が形成され、そこから逸脱した行動は、組織内のパワー関係に関わらず他のメンバーから非難されるためである。第二に、クランコントロールである。これは取引コスト理論からの視点である。取引のメカニズムを市場、官僚制、そしてクランに分類し（クランとは社会化によって価値観や信念を共有したメンバーからなる組織である)、特に組織に対する貢献があいまいで複雑になるほど、クランコントロールが取引コストの面で効率的になるという指摘が行われた。つまりメンバーは、組織の目的にとって最善の行動を自然にとるように社会化されているため、コントロールが可能になるのである。最後に理念的インセンティブである。モチベーションの基礎という視点から組織文化によるコントロールを検討する視点である。理念的インセンティブとは、経営理念やビジョンに代表される組織目標の共有によってもたらされる動機付けを意味している。組織文化は理念的インセンティブの提供を通じて、多くのメンバーから組織目標達成のための貢献を引き出すことを可能にする。

３つの論拠と業績の関係を検討するに、タスクの依存性や不確実性が大きい環境では、社会的コントロールおよびクランコントロールが効率的かつ効果的である。強固に共有された価値観や信念は、強い文化としてメンバーを効率的に動機付け、複雑性と不確実性が高い環境に対しても組織を柔軟に適応させることができる。

このように、強度や一貫性を鑑み、組織文化と成果の関係を検討する研究が強度アプローチと呼ばれた。そして、組織の価値観や行動規範を共有することで、メンバーの行動の柔軟なコントロールを可能にするというコントロールモデルが暗黙の内に仮定されている（北居、2014）。しかしながら強度アプローチについては一貫した研究結果が確認されていない。

つまり組織文化の共有度と成果を検討するに、第一に、価値観、信念、行動規範の共有が行われているか確認されていない点（またそもそもの「強い」という定義、また操作化の方法が曖昧である）、第二に、価値観、信念、行動規範の共有が行われている組織の成果は、必ずしも高くはない点において疑問がある（北居、2004、2005）。

よって、組織文化と業績を検討する中では、持性・類型アプローチと呼ばれるもう１つのアプローチも重要となる（北居、2011a、2011b、2014）。それは、文化の内容と成果を検討するアプローチであり、上述したCVFの他にも、Organizational Culture Survey（OCS）、Organizational Culture Inventory（OCIy）、Organizational Culture Index（OCIx）、市場志向研究（主にマーケティング分野）が存在する。以上の５つの測定尺度を使った研究群は、一定の信頼性が確保されていること、また研究の豊富さから一般的な発見事実を導出するに資する研究である。

強度アプローチと特性・類型アプローチ、両者の関係は排他的でないものの、理論的枠組みが異なっている。前者は、社会的コントロールを主眼に置いており、後者は競争相手よりも顕著な文化的特徴を持つことそのものが、競争優位をもたらすと考えられている。

特性・類型アプローチ（組織文化の内容と成果の関係に着目する視点）は、より成果に強い結びつきを示す傾向にある研究群である。その結論は、以下４つの共通点を指摘している（北居、2011b、2014）。第一に、外部志向の文化が、良好な成果をもたらしている。第二に、目標達成を強調する文化が良好な成果をもたらしている。第三に、内部の柔軟性を強調する文化は、従業員のモラールや内部プロセスを向上させる。第四に、内部の安定性を志向する文化は有効ではない。

そのため、近年、市場や経営環境への積極的対応という観点で、外部志向型の組織文化の働きに強い関心が持たれている。一般的に、CVF において外部志向型であるイノベーション文化とマーケット文化は業績にプラスの影響を与える（北居、2014）。イノベーション文化では、不確実性が高く、情報が多すぎる時に、適応性・柔軟性・創造性を促進することが重要である。権力や権威は特定の個人に集中せず、個人やチームの間を移っていく。各メンバーに、リスクを恐れず、未来を予想することが求められる。また、マーケット文化である。組織の有効性の重要な基礎は取引費用にあり、競争上の優位性実現のためには、他の組織と取引を行うことが重要である。優先目的は高い収益性、確実な顧客獲得、挑戦的な目標達成等となる。

ただ、現在の商品やサービス、ビジネスモデルを変えずに顧客に対応するマーケット文化よりも、顧客のニーズや社会の変化に合わせて、新たな製品、サービス、ビジネスモデルの開発で対応しようとする意識を持つイノベーション文化を高く評価する傾向はある。

（4）顧客志向的な組織文化への注目

CVF での外部志向型の組織文化の効果を発展させた「顧客志向的文化」という概念が近年注目されている。これは、マーケティング管理論の研究者達が、独自の組織文化のあり方として議論しているものである。顧客志向性とは、「企業のオーナー、経営者、従業員の利害を度外視せずに、長期的な収益性のある企業へと発展させるように顧客の利益を第一とする考え方を会社が持つこと」である（Deshpande et al., 1993）。顧客志向的な組織文化が強い企業は、顧客を中心とする視点を企業行動においてとり、市場シェア至上主義ではなく顧客満足や顧客価値の増大の方を重視する。顧客忠誠心を重視するので、顧客との長期関係を発展させる取組を重視する（Moorman and Day、2016）。そのために、顧客からの情報フィードバックを重視し、そこからの情報活用に熱心に取り組む傾向がある。

（5）中小企業における組織文化論の展開

ただ、農業組織は、人員規模でいうと、中小企業（従業員数300名以下）もしくは零細企業（同10名以下）と小規模であり、大企業を中心に発達してきた組織文化論をそのまま適用しづらいだろう。中小企業における組織文化の特性は新たな研究テーマであり、その成果を農業組織に応用することを考えた方が良い。

中小企業においても、組織文化が業績に与える効果が研究されるようになってきた（Allen et al., 2013；Brettel et al., 2015；Çakar and Ertürk, 2010）。中小企業は、組織における人事制度や管理活動が公式的に制度化されず、非公式的である。そして共有した文化にもとづいた管理が行われる（Edwards and Ram, 2019）。

まず、外部志向、もしくは変化志向の文化を持つ中小企業は、意識的に起業活動やイノベーションに積極的に取り組むとされる（Brettel et al., 2015；Çakar and Ertürk, 2010）。次に、中小企業は、人事管理の面で組織文化との適合性の高い人材を採用し、経営者と従業員の直接的な社会的交換が盛んで文化的なコントロールができると、企業業績を高める（Allen et al., 2013）。つまり中小企業の人事管理は、インフォーマルな性格が強いが、経営者や従業員の間での直接の相互作用を活発に行い従業員のコミットメントを高め、共有文化での行動統制が行えると業績が高まりやすい。また、コミュニティ的な組織文化を持ち、支援的なリーダーがいる中小企業では、従業員の定着や欠勤が減る関係も指摘されている（Jung and Takeuchi、2010）。

（6）農業組織における組織文化の影響

多くの農業組織は、中小企業と似た組織の規模やメカニズムであると思われ、組織文化の与える影響も似ると考えられる。農業組織の多くは、規模は小さく、また、家族経営が多く、地域コミュニティとの関係が強い。加えて、参入や活動に対する規制も多く、その組織活動も必ずしも営利的な性格が強いとはいえない面がある。こうした組織特性は、その組織文化に影響を与えるだろう。

第一に、農業組織も中小規模であるため、組織文化の共有が高いと従業員が組織や事業へのコミットメントを高め、文化を通じた非公式なコントロールが行われる。第二に、農業組織で共有される文化の内容が外部志向、ことにイノベーション志向性が高いと、創造性が高くなり起業家的な活動が増えるだろう。顧客志向性の高さもまた、顧客や市場の変化に対応する革新を起こしやすくするだろう。だが、第三に、参入のしにくい閉鎖的な部門であることや地域との密接な関係の強さは、閉鎖的で内向きな組織文化が発達しやすくなるだろう。

農業組織が、今日の市場や技術の変化に適切に対応するには、外部志向的な組織文化、特にイノベーション志向、顧客志向の文化を有し、その組織の感受性を高めることが焦点となる。

3　外部志向的な組織文化への変革の管理

（1）組織文化の変革管理

近年、組織変革は、組織文化の変容を主な対象としている。その重要なアプローチとして、組織の戦略や環境に適合的な、価値、信念、規範、行動モデルを新たに開発することが、変革の重要なアプローチと見なされている(Cummings and Worley、2015、p.161)。従業員に強い文化を共有させ、組織の目標やビジョンに合わせた統一的な行動をとらせる。戦略にあった文化の形成や、その共有の程度の違いは、組織の競争力に差異をもたらす。

組織文化は、組織の価値を体現したシンボルや理念を構築し、組織成員がそれらの示す価値や規範について文化的社会化を通じて共有することで展開する。組織文化の内容そのものは、以下 4 つの要因を源泉として生まれる(Jones、2013、pp.215-219)。

第一に、実際に組織に属する経営者や従業員の有する価値観そのものである。経営者の価値観は特に文化形成に大きな影響を与える。第二に、経営者を含む組織の持つ倫理観である。第三に、所有権のあり方である。所有者が所有権の大半を持つと、所有者の価値観や意識が、文化内容のあり方に大きく影響する。他方で、従業員持ち株制度は、従業員の文化関与を強め、文化のあり方への影響が強まる。第四に、組織構造のあり方である。官僚制的構造は官僚文化を創りやすく、フラットな組織は創造性を高める。組織の文化の定着は、組織成員の文化的社会化を通じて行われる。

（2）中小規模の組織での変革の特性

中小規模の組織でも組織文化の改革は、適応能力や競争能力を低下させた従業員達の組織行動の変容を促進するために行う。従来の組織文化の内容が、経営環境に適合しなかったり、競争力を低下させたり、社会倫理との強い葛藤を持つと、その転換が求められる。ただ、中小規模組織の文化変革に関する従来からの研究に従うと、その転換を引き起こす主要因として、第一に、経営者の構築するビジョンの影響、第二に、従業員の巻き込み、第三に、直接コミュニケーションによる改革への動機付けの影響、を指摘できるだろう。

第一の要因については、中小規模の組織でも企業経営者の「シンボリック・マネジャー」としての役割は重要である。外部志向や革新志向のビジョンやミッションを打ち出すことは、従業員に新たな指針を与える。さらに、中小規模だと、経営者が、従業員に積極的な直接コミュニケーションを行うことで、文化の共有や変化を促すことが可能となる。

第二の要因について、文化変革に関しては、変革型リーダーの役割だけではなく、リーダーと従業員の人的ネットワークも、大きな役割を果たす。職場でのメンターと従業員などの人的ネットワークは、文化の共有や実践に関して大きな役割を果たす（Kreitner and Kinicki、2013、pp.81-83）。変革に際しても、変革リーダーは、人的ネットワークを通じて、新たな価値観、行動モデル、業績評価枠組を従業員に対して浸透させ、実際に行動させるようにはたらきかける。こうした変革型リーダーが、同僚や部下との人的ネットワークを構築し、それを通じた改革への「巻き込み」が行えると、組織文化の改革の実効性を高めるのである（Battilana and Casciaro、2012）。

第三の要因について、中小規模の組織では、人事管理はあまり公式的に制度化されておらず、むしろ、経営者と従業員の直接コミュニケーションや文化的な統制によっておこなわれる（Edwards and Ram、2019；Stoley et al., 2010）。経営者が従業員との直接コミュニケーションを通じて、そのモチベーションの活性化、また行動を文化や規範を基づいてコントロールする傾向がある。そして、その方が、中小規模の従業員は、職務満足度を高める傾向がある（Stoley et al., 2019）。従って、人事管理制度の改革よりも、こうしたポジティブな直接コミュニケーションや文化的コントロールによって動機付けがなされるとみられる（Allen et al., 2013）。

（3）イノベーション組織文化への改革

組織文化変革の一般論としては、文化的な変化をもたらすために、経営者や管理職などの組織開発担当者（OD practitioners）が行う介入に関して、5つの実践的なアドバイスを示している（Cummings and Worley、2015）。本稿ではその5つを、外部志向性をもつイノベーション文化への変革プロセスの特徴として議論する。

第一に、明確なイノベーション志向の戦略的ビジョンを策定する。このビジョンは、文化的変革の目的と方向性を示すものであり、企業の既存の文化を定義し、提案された変革が組織の中核的価値観と一致するかどうかを判断するための基準となる。第二に、トップマネジメントのコミットメントが必要である。文化的な変化は、組織のトップから管理される必要がある。第三に、経営層で文化の変化をモデル化する。経営者層は、自らの行動を通じてイノベーション志向の文化を伝えなければならない。その行動は、求められている価値観や行動を象徴するものでなければならない。第四に、文化変革をすすめるために組織を変革する。文化的な変化のためには、組織構造、人事制度、仕事のデザイン、およびマネジメントプロセスの変更を伴う必要がある。このような組織の特徴の変更は、人々の行動を新しい文化にフィットさせるために役立つ。第五に、新人を選び、社会化し、逸脱者を排除する。企業文化を変える最も効果的な方法の1つは組織のメンバーを変えることである。新しい文化に適合するかどうかという観点から、人を選び、解雇することができるためである。特にそれが、人々の行動が新しい価値観や行動を大きく促進したり、妨げたりする可能性があるリーダーシップポジションの場合、重要となる。

（4）顧客志向的文化への変革

外部志向的な組織文化への変革を考える上では、顧客志向的な組織文化の構築の議論が具体的な変革プロセスのあり方を示すだろう。顧客志向的な組織文化は、企業業績に好影響を与えるとみられている。Moorman and Day（2016）は、顧客志向的な組織文化が、組織形態、組織能力、人的資本に影響を与え、企業のマーケティング活動を活性化し、それが顧客価値の増大や売上高、財務業績、企業価値の向上を通じて企業業績の向上にするという見方を示している。

彼らは、顧客志向的な組織文化を構築するプロセスは次のように進むとモデル化している。第一に、企業の経営者や管理職が顧客の持つ新たな考え方について関心を持つように外部に対してオープンな意識をもつ。第二に、経営者や管理職が社内で顧客志向について話し合うようにする。第三に、経営者が顧客志向的な文化を持つことから得られる利得を社員に示す。第四にその文化の受容への支援や動機付けをする。第五に、社内で顧客志向的な文化や行動についての学習の仕組みを作る。第六に、それに基づく企業の文化、信念、規範、行動、象徴を社内で共有して組織としての意識の一貫性を持たせる。近年はイノベーションだけではなく、顧客志向の組織文化の役割が重視されている。

（5）農業経営組織で期待される組織文化の構築

従って、農業組織で期待される外部志向性すなわちイノベーション志向性、顧客志向性の高い組織文化を構築するには、上記の議論に従えば、次のような５つの要因を重視して改革を展開することとなる（図５−２）。第一に、経営者などのリーダーは、外部志向のミッションを示し、それに関する従業員等とのコミュニケーションを活性化させる。第二に、外部志向の文化が持つ業績への効果を示し変革へのインセンティブを与える、変化のモデルを従業員や関係者に示す。第三に、新たな文化を共有するように社員や組織構成員への行動の変容を支援する。第四に、内部でそうした文化に基づく行動の仕方の学習のしくみを作る。そして、最終的に新たなミッションに基づく価値、理念、行動パターン、象徴を構築し、新たな組織文化を体現する。

図5－2　農業組織における外部志向の組織文化変革と効果

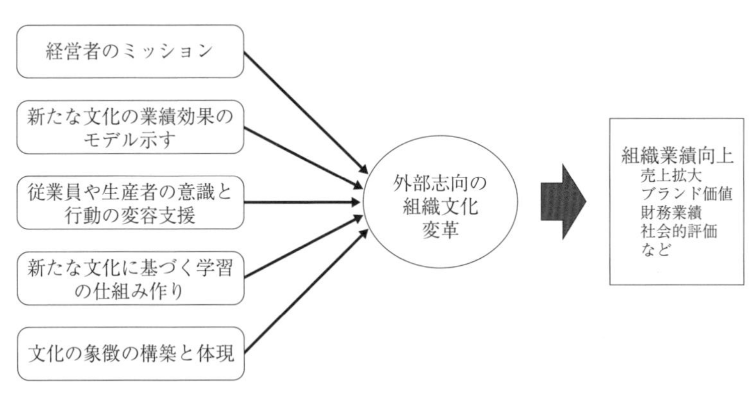

（注）Mooreman and Day (2016) p.25, fig.3を参考に筆者作成

（6）組織文化変革過程の展開

次に前項で示した5段階に従い、イノベーション志向性や顧客志向性の高い組織文化へと構築、共有するソフトな面での経営改革を企業がどう進めるかを検討する。日本航空の代表的な事例と比較しながら、農業生産物（九条ねぎ）を取引する株式会社こと京都[2)]の文化変革を具体的な事例としてその

2）こと京都は京都市伏見区に本社を置く、九条ねぎの生産･加工･販売を行う農業組織である。生産農家を「ことねぎ会」、「九条ねぎ栽培研究会」と呼ばれる生産者団体として組織化しており、それらと提携し、団体の生産する九条ねぎを引き取りつつ、安定的な出荷量を確保している（6次産業化フリーペーパー、2014；山田、2016）。こと京都は、農業法人としての経営理念、社訓を示し、方向性を策定することにより、外部志向の組織文化を構築している。そして以上の外部志向性は、生産を自社のみで完結させるのではなく、販売力先行型のマーケティング会社へと変化を促し、長期的な取引関係を想定したビジネスを実現させた。また、そのビジネスは、顧客との協働関係を構築しながら、九条ねぎのブランド化をすすめている。

５段階を示したい（北山他、2014；盛田、2019；山田、2016；吉田、2017等）。

第一に、リーダーが外部志向のミッションを示しコミュニケーションを活性化させる。2010年代の日本航空改革で、稲盛和夫らが京セラフィロソフィという経営理念を元に、「お客さま視点を貫く」という理念を代表に再建時の日本航空社員に外部志向型の意識改革をしている（引頭編、2013）。同様にこと京都でも、経営者である山田敏之は創設期から、「農業生産法人として人、自然に感謝し、心豊かに社会貢献します」という外部志向性をもつ経営理念を設定している。それに基づき、実際の行動規範としての社訓を制定し社員の行動に影響を与えている。第二に、外部志向の文化が持つ業績への効果を示し変革への効果を示す。先の日本航空改革でも、管理会計を導入して、市場を意識した経営改革の業績効果を示し意識改革を進めている（引頭編、2013）。こと京都でも、社員に顧客である飲食店のメニューの付加価値を上げるものとして九条ねぎの販売をすることを意識させている。また、ねぎ生産者達にも、彼らを組織化した「ことねぎ会」でも、顧客の飲食店らに、高い品質の九条ねぎの生産と供給を年間を通じて安定して展開することの意義を共有している。第三に、外部志向の文化を共有するように社員や組織構成員への行動の変容を支援する。一般的に行動変容は、社訓、朝礼などの日常のコミュニケーション、研修会、人事考課等を通じて行う。こと京都では、社長である山田による社員との直接的なコミュニケーションを通じ、文化や規範に基づいて行動が支援される。さらに、ことねぎ会などの生産者団体でも、九条ねぎの安定供給を行えるようにサプライヤーとしての意識改革が行われている。第四に、内部で文化に基づく行動の仕方の学習のしくみを作る。経営者は、日常のコミュニケーションや研修、訓練、会議などを通じて、新たなロールモデルや成功事例の共有と発展をすすめる。こと京都において、社内では、独立支援研修生制度を活用して、全国から新規就農者や農業で独立したい若手を募り、九条ねぎの伝統を守るとともに市場を意識した生産をすることを支援している。また京都府外でも活躍できる「人財」づくりを独立後も支援している。また社外では、生産者団体のことねぎ会において、学習の仕組みを動かしている。そこでは、安定的な出荷量を確保することの理解を求め、お互いに経験の共有、学習をし、それぞれ生産計画を立てることを、ソフトウェアを含めて支援している。第五に、価値、理念、行動パターン、象徴を構築し、新たな組織文化の具現化をする。新たな意識を具体的に示す社訓やマニュアルの構築、象徴的な施設や展示物、ソフトウェア、ブランドを構築することで、組織文化の定着を図る。日本航空改革では、JAL フィロソフィを掲示し、手帳を通じ、共有を行っている。こと京都でも「九条ねぎ」を中心に、外部志向性を意識した農産物ブランドを構築し、新たな組織文化の定着を図っている。

4　まとめ

本論では、市場や技術、経営環境の変化に対して、農業組織が外部志向的な組織文化を構築することで、組織の価値観、意識、認識、知識、行動パターンなどソフトな側面で柔軟に対応することについての試論的な検討を行った。近年、組織文化論でも外部志向的な組織文化、特に、イノベーション志向性や顧客志向性の高い組織文化を持つ組織は、創造性を発揮し、環境変化に柔軟に適応する傾向があるのではないかと考えられている。外部志向性の高い組織文化は、中小零細規模の農業組織の環境適応でも一定の効果があるだろう。

本論は、従来の大企業や中小企業の組織文化論を検討しながら、農業組織の特性を考慮した組織文化論を考察した。特に、中小規模、家族経営、地域密着、規制の多さ、非営利性の志向という組織特性は、組織文化のもたらす組織活動に重要な影響を与える。主には、中小企業の組織文化論を考慮しながら、経営者がビジョンを示すこと、その巻き込み能力、文化的コントロールを通じた管理等が、業績に独自の影響を与えることを議論した。そして、顧客志向的組織文化論に基づき、外部志向の組織文化を構築し、それに基づく組織改革を行うため、経営者が文化を変えるための活動プロセスを確認した。日本航空、また農業法人であること京都の事例から、経営者が外部志向型の組織文化に基づき変革を行う一連の流れを示した。そこでは、経営者が、組織文化の構築、普及、変革のマネージャーとしての役割を果たす必要がある。

ただ、本論にも一定の限界がある。第一に、農業組織の組織特性を検討するに、どのような独自の組織文化を有しているかについては、概念的な考察にとどまっている。今後の実証研究の十分な蓄積が必要である。第二に、イノベーション志向や顧客志向が、農業組織にとって具体的にどのような新たな組織文化となるかについて示してはいない。加えて、こと京都の事例でもそうであるが、文化を考えるにあたり、農業組織がどのようにBtoBとBtoC、その両方にサービスを提供する中で、業績を最大化できるのかは検討する必要がある。それはどのようにその両方に焦点を当てた文化を維持するのかについての検討を意味する（Moorman and Day、2016）

農業法人や農業生産組織の持つ組織文化やその外部志向性に対する関心は高まっている。具体的には、家族経営、地域との密接な関係、規制の強さ、非営利性の志向等、農業組織が持つ特性が組織文化に対して与える影響に関して今後の研究の蓄積が待たれる。これは農業組織のソフトな面での経営改革を進める上で重要な研究領域である。農業組織の組織文化論に関わる研究課題は多く、今後の発展が望まれる。

引用・参考文献

Allen, M., Ericksen, J. and Collins, C. J. (2013) Human Resource Management, Employee Exchange Relationships, and Performance in Small Business. Human Resource Management, 52(2): pp.153–174.

Battilana, J. and T. Casciaro (2012) Change Agents, Networks, and Institutions: A Contingency Theory of Organizational Change, Academy of Management Journal, 55(2): pp.381–398. http://dx.doi.org/10.5465/amj.2009.0891.

Brettel, M., Chomik, C. and T. C. Flatten (2015) How Organizational Culture Influences Innovativeness, Proactiveness, and Risk-Taking: Fostering Entrepreneurial Orientation in SMEs, Journal of Small Business Management, 53(4): pp.868-885.
https: doi: 10.1111/jsbm.12108.

Çakar, N. D. and A. Ertürk (2010) Comparing Innovation Capability of Small and Medium-Sized Enterprises: Examining the Effects of Organizational Culture and Empowerment, Journal of Small Business Management, 48(3): pp.325-359.
https://doi.org/10.1111/j.1540-627X.2010.00297.x.

Cameron, K. M. and R. E. Quinn (2006) Diagnosing and Changing Organizational Culture: Based on the Competing Values Framework, John Wiley & Sons.（中島豊監訳（2011）「組織文化を変える 競合価値観フレームワーク技法」ファーストプレス.）

Cummings, T. G. and C. G. Worley (2015) Organization Development & Change, 10th ed., Australia: Cengage Learning.

Deal, T. E. and A. A. Kennedy (1982) Corporate Cultures, Reading, MA: Addison-Wesley.（城山三郎訳（1983）『シンボリック・マネジャー』新潮社 , 1983.）

Deshpande, R., J.U. Farley, and F. E. Webster, Jr. (1993) Corporate Culture, Customer Orientation, and Innovativeness in Japanese Firms: A Quadrad Analysis, Journal of Marketing. 57: pp.23-27.

Edwards, P. and M. Ram (2019) HRM in Small Firms: Balancing Informality and Formality, In Wilkinson, A. et al. Eds. the Sage Handbook of Human Resource Management, 2nd Ed. London: Sage: pp.522-542.

引頭麻美編（2013）『JAL 再生』日本経済新聞出版社.

伊丹敬之（2004）「見えざる資産の基本的枠組み」伊丹敬之・軽部大編『見えざる資産の戦略と論理』日本経済新聞社：pp.1-39.

岩元泉（2013）「現代農業における家族経営の論理」『農業経営研究』50(4)：9-19.

Jones, G. R. (2013) Organizational Theory, Design, and Change, 7th Ed. Upper Saddle River, NJ: Pearson Prentice Hall.

Jung, Y. and N. Takeuchi (2010) Performance Implications for the Relationships among Top Management Leadership, Organizational Culture, and Appraisal Practice: Testing Two Theory-based Models of Organizational Learning Theory in Japan, The International Journal of Human Resource Management, 21(10): 1931-1950. https://doi.org/10.1080/09585192.2010.505093.

北居明（2004）「80 年代における「強い文化」論をめぐる諸議論について」『大阪府立大学經濟研究』50(1)：pp.287-306.

北居明（2005）「組織文化と経営成果の関係：定量的研究の展開」『大阪府立大学經濟研究』50(2･3･4)：pp.141-164.

北居明（2011a）「組織文化の測定と効果：代表的測定尺度の検討（上）」『大阪府立大学經濟研究』57(1)：pp.41-66.

北居明（2011b）「組織文化の測定と効果：代表的測定尺度の検討（下）」『大阪府立大学經濟研究』57(2)：pp.49-67.

北居明（2014）『学習を促す組織文化－マルチレベル・アプローチによる実証研究』有斐閣 .

北山幸子・岩井慎太郎・橋本貴彦（2014）「「こと京都株式会社」調査報告」『立命館経済学』63(2)：pp.241-254.

Kreitner, R. and A. Kinicki (2013) Organizational Behavior, 10th Ed., New York: McGraw-Hill/Irwin.

Moorman, C. and G. S. Day (2016) Organizing for Marketing Excellence. Journal of Marketing. 80(6): pp.6-35.

盛田清秀（2019）「京野菜の加工・生産を大規模展開する農業法人グループ～こと京都株式会社の事業展開～」『野菜情報』2 月号：pp.36-46.

野村アグリプランニング＆アドバイザリー（2011）『農業法人の経営課題に関するアンケート調査結果（概要版）』.
https://www.nomuraholdings.com/jp/company/group/napa/data/201101_2.pdf. 最終閲覧日 2019 年 7 月 31 日.

Peters, T. J. and R.H. Waterman (1982) In Search of Excellence, New York: Harper & Row.（大前研一訳（1983）『エクセレント・カンパニー』講談社.）

ローシュ, J. W., マクタグ, E.（2016）「「組織文化を変える」を目標にしてはいけない」『Diamond Harvard Business Review』：pp.108-116.

６次産業化フリーペーパー（2014）『第６チャネル　成功モデルから学ぶ経営発展の道筋』9：2-4. https://www.maff.go.jp/j/shokusan/sanki/6jika/6channel/attach/pdf/index-52.pdf. 最終閲覧日 2021 年 10 月 17 日.

坂下昭宣（2002）『組織シンボリズム論：論点と方法』白桃書房.

Schein, E. H. (1985) Organizational Culture and Leadership, Jossey-Bass Publishers, San Francisco.（清水紀彦・浜田幸雄訳（1989）『組織文化とリーダーシップ：リーダーは文化をどう変革するか』ダイヤモンド社.）

Schein, E. (2009) The Corporate Culture Survival Guide, Rev. Ver., New York: Wiley.（松本美央訳（2016）『企業文化：ダイバーシティと文化の仕組み』白桃書房.）

清水徹朗（2013）「農業所得・農家経済と農業経営」『農林金融』66(11)：pp.13-31.

高橋良晴（2014）「農業生産者の規模拡大と経営ニーズへの対応」『JC 総研レポート』31：pp.20-26.

山田敏之（2016）『脱サラ就農、九条ねぎで年商10億円 京都発 新・農業経営のカタチ』PHP研究所.

吉田忠則（2017）「天候のせい？それって逃げじゃないですか「こと京都」が台風・長雨でも欠品しなかったわけ」『日経ビジネス』
https://business.nikkei.com/atcl/report/15/252376/030900088/?P=2. 最終閲覧日 2021 年 10 月 17 日.

第6章　農業経営の組織文化と経営戦略に関する理論的考察

鈴村　源太郎

1　はじめに

近年、日本の農業経営は営農類型を問わず大規模化・組織化の流れが定着しつつある。これまでの日本の農業構造は、多くの家族経営体が大宗を占める状況が長く続いてきたが、そうした中でも、ここ十数年来の組織経営体の役割の増大は顕著である。こうした中、組織経営体の運営や成果のあり方をめぐっては、例えば、経営体の内部構造の分析から、雇用就農者の就農意識の形成プロセスを検証した研究（木南ほか、2012）、あるいは澤野・澤田（2018）に見られる組織中堅幹部に着目した人材育成の重要性を指摘する論点のほか、組織の戦略的概念の適用を模索する研究（渋谷、2019）など多面的観点からの研究が盛んになっている。

しかし、組織の成長力を高めるためには、組織を構成する個々人の職務意識の分析や能力・適性の高度化を進める人材育成はもとより、職場のリーダーシップやチームワークなど、組織構成員の相互作用の好循環の形成が極めて重要になる。そして、これら組織内の人間関係の積み重ねの結果として醸成される「組織文化」は、その組織に所属するすべての人に直接・間接の様々な影響を与えうる。これまで農業経営学においては、組織化自体が進展していなかったため見過ごされてきたが、こうした組織文化の影響を分析することは今以上に注目を集めていくものと考えられる。

ところで、これまでの農業経営研究を振り返ると、組織文化に焦点を当てた論考が極めて少ないことに気付かされる。日本農業の大宗を占める家族経営においては、「文化」はとりもなおさず家族内の人間関係の問題であり、農村社会学において「イエ文化論」として取り扱われることはあっても、家族経営組織の問題として課題提起されることはほぼなかったといってよい。

その中でも数少ない論考として確認されたのは内山（2011）のファミリービジネス（FB）論である。しかしそこでも、農業へのFBの適用過程におけるプラス特性の一つとして示された「強固な組織文化の継承が可能」との記載が確認できるのみである。

一方、本論において組織文化の構成要因の一つとみなしている「組織コミットメント」に着目した分析として、田口ほか（2016）がある。田口ほかは、雇用型農業法人における組織内の積極的行動やチームワークの向上をもたらす要因として分析を行っており、大変重要な指摘を行っているが、包括的な組織文化全体に踏み込んだ分析と評価することは難しいように思う。

現在進みつつある農業経営の組織化・法人化は雇用人数の面でも、数十人ないし百人程度に達する企業も出現し始めるなど、かつてない規模に達している。そして、そうした経営組織は、一般に中間管理職を含む階層構造の必要性を生じ、指揮・命令系統が複雑化の展開を辿ることが多い。このことは、他産業の中小企業を先例に挙げるまでもない。従って、今後、農業経営における経営戦略の実践や業務の遂行にとって、組織的な対応とその経営的分析がますます重要性を増していく流れは必然といってもよい。

組織文化については、多様な定義が見られるが、主なものとして、Schwartz and Davis（1981）の「組織メンバーによって共有された信念と期待のパターン」がある。一方、Barney（1986）は「企業がビジネス遂行をする際の価値、信念、想定、シンボリック行動などを含む複雑なパッケージ」としている。この二つの定義に共通する概念は「組織を構成するメンバーに共有された信念や価値」であり、「構成員の行動を根底から支える役割を果たす」ものと解釈することが可能である。

また、Schwartz and Davis（1981）は、上述の定義と同時に、組織文化はその組織の「深い信念と価値観に根ざしている」ことが多いため、「通常、長期的に養成されるものであり、変更が難しい」と特徴を整理している。ただし、これら研究が対象とする事例は、ほとんどが長年成長してきた大企業の分析であり、本論の対象とする比較的新興の農業組織経営にも同様に該当するかは、予断を持って考えるべきではなかろう。近年設立が盛んな農業法人経営は、むしろ組織文化の形成途上ともいうべき側面を有しており、既に組織文化が形成されていたとしても、その変革は大企業に比べ比較的容易な可能性がある。

2　研究目的と枠組み

本論の目的は、以上のような背景を持つ企業的農業経営における組織文化の成立構造について、近年急速に発展を遂げている農業法人を対象として、理論的な考察を進めて行くことにある。本論の課題は以下の３点に集約されよう。

第一は、農業法人が経営戦略の遂行や経営イノベーション（革新）の実践を行い、何らかの組織構造の変革を行おうとする場合に組織文化の存在がどのような作用を及ぼしうるか理論的･概念的な構造の検討を行うことである。

第二は、組織文化の包括的な把握に必要な要因の整理を行うことである。具体的には組織文化を内的構造要因と外的地域対応要因に分類し、内的構造要因については行動科学の知見を援用しながら組織文化を体系的に捉える調査体系項目群の提示を試みる。

第三は、これらの実証のため、数十人規模の雇用導入を行う農業関係の法人経営を対象としたアンケート調査を実施し、組織文化の構成諸要素を基にした主成分分析を行い、その結果として得られた主成分得点を用いて定量的な特性・類型アプローチを行うことにある。

3　組織文化と組織構造にかかる理論的考察

（1）組織文化と組織構造の二重性

本論では、経営組織機構の理解に当たり小原（2016）の把握方法を参考とした。小原は企業が活動を行う際に組織を形作る機構体すなわち顕在的・可視的機構を「組織構造」と捉え、組織行動を支配する規範と価値観の総体と認識される「組織文化」との対比の上に組織機構を理解している。この二重性の理解によると、組織文化は経営運営を顕在的に支える組織構造に対して行動心理面で不断に影響を与えるシャドー機構の役割を担うものと捉えることができる。このことを坂下（1995）は「組織構造も組織文化もともに組織メンバーの行動を逸脱がないようにコントロールする機能を果たすのであるが、組織構造がハードな組織機構であるのに対し、組織文化はソフトな組織機構である」と評価している。また、坂下は同論考で、「組織文化はミクロ的な視点からは組織メンバーの行動をコントロールしているが、よりマクロ的な視点からは組織の戦略策定にも重要な影響を及ぼしている」とし、経営戦略は「その組織の（文化的側面としての（筆者注））価値観やパラダイム、行動規範から離れ」ることはできないと解釈している。

本論はこれを踏まえ組織機構の二重性を前提としたい。具体的には、平常の組織業務を遂行するための可視的機構を「組織構造」とする一方、それを取り巻く組織構成員の心理に影響する価値観、モチベーション、リーダーシップ、人の紐帯等の非可視的機構を「組織文化」と捉え、組織文化が組織構造の基盤となる関係を想定する。

（2）組織戦略の適用・浸透過程における組織文化の影響

ここではまず、経営戦略を組織に適用する際のプロセスを概念的に整理する。その上で、この適用過程に組織文化がどう影響しうるか検討を進めてみたい。図6－1に示したように、経営戦略の適用は組織構造部分に対して行われるのが通常である。しかし、組織文化の介在を想定すると、経営戦略が

図6－1　経営戦略の適用・浸透プロセスと組織文化の触媒的作用

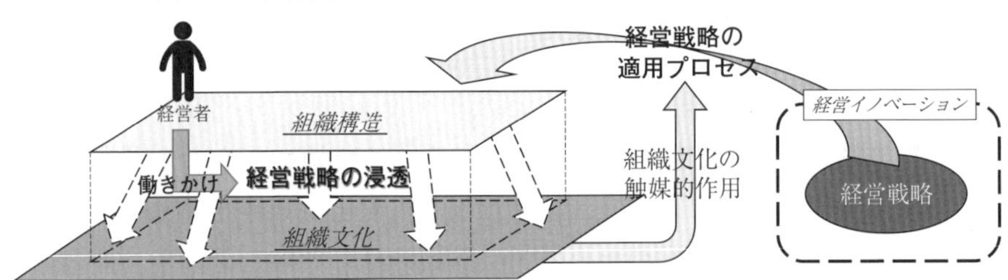

資料：筆者作成

成果を十分に発揮するためには、従業員の巻き込み、摺り合わせなどといった組織文化への戦略価値観・エートスの浸透プロセスが重要な役割を果たすと考えられる。この戦略価値観・エートスの組織文化への浸透プロセスは、戦略適用と同時並行的に適用されることもあるが、例えば、その適用以前の経営者と組織構成員の日常的な接点の中で、リーダーシップの発揮による信頼関係の構築や組織コミットメントの醸成など多様なチャネルを通じて自覚的・非自覚的に達成されているケースも考えられる。

そして、組織に対して経営戦略を適用しようとするとき、この浸透プロセスが十分に奏功している場合には、そのプロセスに順作用効果を与えうる。逆に、浸透プロセスを怠るか浸透プロセスがうまく機能していない場合には、経営戦略を適用しようとしても、そのプロセスに対して「抵抗」、「妨害」、「離職」などの反作用効果が表れる可能性すらある。このような組織文化に対する戦略価値観・エートスの浸透プロセスの成否が戦略適用過程に影響を及ぼすことを、本論では「組織文化の触媒的効果」と表現しておきたい。

具体的には価値観・エートスの浸透プロセスは、戦略実行に当たって組織文化の存在を十分意識していないとおざなりになる可能性が高く、後になって戦略遂行の阻害要因として機能してしまう可能性すらある。例えば、職場の挑戦意欲が十分に醸成されていない、あるいは新たな戦略に打って出ることに従業員が不安を抱いているような状況下で、改革をトップダウンで進めようとしても、想定通り進まないようなケースがこれに該当する。これら組織内における組織文化・組織構造・経営戦略等の因果関係を概念図として表したのが図6−2である。同図では、浸透プロセスが有効な場合（左図：CASE 1）とそうでない場合（右図：CASE 2）に分け、それぞれの典型例を示した。

まず、CASE 1では、以下のような組織内行動を媒介として革新的意識の醸成が有効に進むものと考えられる。ここで推奨される組織内行動は、①組織構造に適用した変革に関する、経営者側からの十分な啓蒙の実施、②従業員の意思を汲み、向き合う姿勢を保ちながら、価値観・エートスの浸透に努力すること、③従業員相互のコミュニケーションを推奨し、チーム内の各人が役割を認識した職責を遂行すること、④組織帰属意識を高め、組織のため

図６−２　組織文化と経営戦略の関係模式図（浸透プロセスの成否を考慮したイメージ）

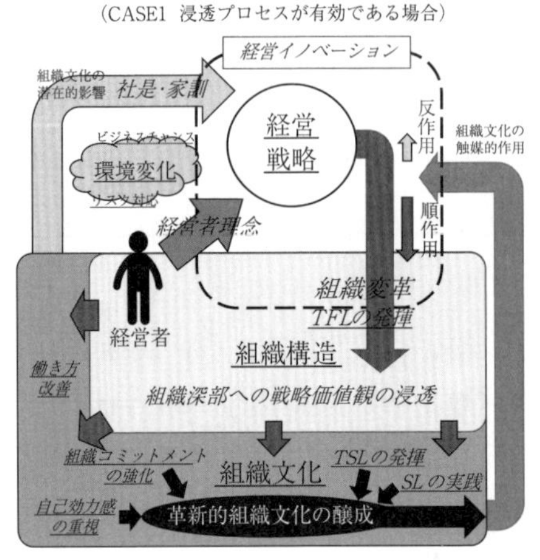

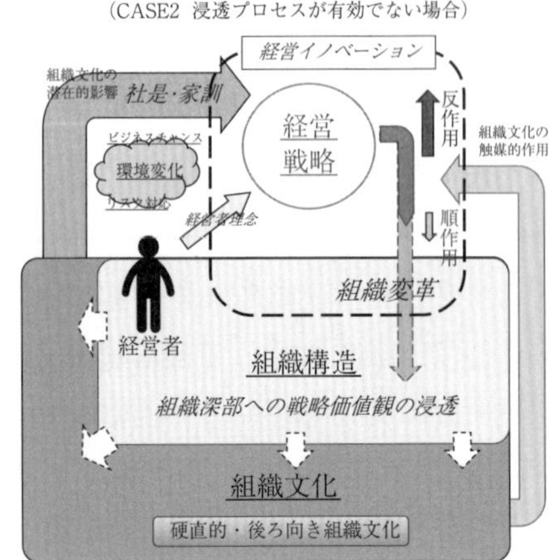

資料：筆者作成

に貢献してもらえる職務意識を醸成すること、⑤従業員に対しては、モチベーションの向上のための施策を実施すること、の５つである。本論では、これらを後述する行動科学上の５概念、① TFL（Transformational Leadership）、② TSL（Transactional Leadership）、③ SL（Shared Leadership）、④組織コミットメント、⑤自己効力感と連関するものとして捉えており、これら組織内行動の促進によって、革新的組織文化の醸成が期待される。そして、ひとたびこうした文化が醸成されると、経営戦略の適用過程にも順作用を及ぼす可能性が高くなると考えられる。

これに対して、第二の典型例（CASE2）では、浸透プロセスが有効に機能せず、悪循環が形成される結果として後ろ向き組織文化が形成される。ここでは、組織構造に対する戦略価値観・エートスの浸透プロセスの適用が不十分なため、結果的に経営戦略を立案しても変革の理念が十分浸透せず、従業員に不安・不信を生じやすい。

この場合に組織が呈する特徴は、①改革に対して保守的かつ後ろ向きな組織文化が形成しやすくなり、②形成された後ろ向き組織文化が、経営戦略の適用過程に関しても反作用を及ぼす可能性があるということである。また、中長期的な影響として、経営戦略に対して、経営者理念よりも組織文化の影響が相対的に高まる可能性が懸念されるほか、経営戦略自体も新味のない、保守的なものとなっていく可能性すらある。組織に与える影響としては、経営方針に対する離反や離職等を生じやすくなることも想定される。

4　農業経営の組織文化に関する内外構成要因の検討

前節で説明した行動科学分野の５つの尺度は、いずれも組織内部の人間関係を分析するのに有効な尺度・手法である。しかし、農業法人を念頭におく場合、農業経営がもつ特有の文化背景とも言える地域の中における外的な地域関係の調整や地域との間に起こる様々な事象への対応は反映し得ない。従って、本論では行動科学の知見を用いた内部構造要因（5 要因）と農業法人に特有の外的地域対応要因（4 要因）を組み合わせ、組織文化に影響する諸要因（計 9 要因）を図６−３の通り整理した。

（１）TFL と TSL

Transformational Leadership（TFL）および Transactional Leadership（TSL）

図６−３　組織文化構造に関する試論的要素分解

	成果醸成・働きやすさ （一般経営学の成果援用が効果的）		地域文化との融合 （農業経営学の独自領域）	
管理者視点	Transformational Leadership		地域志向の理念形成	
	Transactional Leadership			
↕	Shared Leadership	組織コミットメント	経営と地域の利害調整	地域コミットメント
従業員視点	自己効力感（モチベーション）		従業員の営農センス	
	内的構造要因		外的地域対応要因	

資料：筆者作成

はBass(1985)により提唱された概念であり、邦訳はそれぞれ「変革的リーダーシップ」、「交流型リーダーシップ」である。TFLとTSLは、いずれもリーダーとフォロワーの主従関係を前提とした垂直型（Vertical）リーダーシップ概念である。

TFLの特徴は、リーダー側からフォロワー側に示される「ビジョンと啓蒙」の働きかけにあるとされる。入山（2019）によれば、TFLの具体的な構成要素は、①カリスマ性（charisma）、②知的刺激（intellectual stimulation）、③個人重視思考（individualized consideration）の３つであり、①は組織ビジョンを見据え、その魅力を伝えつつ、フォロワーのプライド、忠誠心、敬意を醸成すること、②はフォロワーに新しい視点で考えることを奨励しながら、業務の意義等を考えさせ、知的好奇心を刺激すること、③はフォロワーに個別に向き合い、教育を通じた成長を促すことである。

一方、TSLは、フォロワーを観察し、意思を尊重しつつ向き合うものであり、アメとムチを使いこなす管理型のリーダーシップの一形態とも言われる（入山、2019）。TSLは、①状況に応じた報酬（Contingent reward）と、②例外的な管理（Management by exception）の２つの構成要素を持つ。①は成果を上げたフォロワーに正当報酬を積極供与し、満足感を高めることで成果を促すこと、②は成果を上げている限り、フォロワーへの直接的な指示を避けて委任することを指す。これらの組み合わせにより、フォロワーの信頼・義務感の醸成に効果を発揮するものとされている。

（2）シェアド・リーダーシップ〔SL〕

Avolio, et al.（1996）によって提起されたシェアド・リーダーシップ（SL：Shared Leadership）は、従来のリーダーシップ論が、固定的なリーダーとフォロワーの主従関係を前提としていたのに対して、チーム内の水平的（Horizontal）な関係性に着目し、創造性をかき立てる柔軟性に富んだ組織作りの重要性を説いた点で、従前の概念の前提を覆すものであった。

石川（2013）は、SLの実践とチーム業績との強い相関を確認しており、さらに、タスク不確実性が高いプロジェクト環境において、この相関が一層高まることが論証された。また、SL の効果は、当人の自己効力感の向上などを媒介項として、①職場メンバーの職務態度、②職場メンバーのモチベーションの高揚、③職場にもたらされる能力や情報量の高度化、④職場の成果、などに正の影響を及ぼすことが示されている（石川、2016）。

（3）組織コミットメント（組織 CM：Organizational Commitment）

働く個人の職務態度を表す尺度として多用されてきた組織 CM は、「ある特定の組織に対する個人の同一化（Identification）および関与（Involvement）の強さ」であると定義されている（Porter, et al.、1974）。一般に、組織 CM は、①情緒的（affective）コミットメント、②規範的（normative）コミットメント、③継続的（continuance）コミットメントの3要素で構成されるものと捉えられる。本論では、働く個人のモチベーションを高めうる可能性を持つ職務に対する愛着や職場に対する帰属意識を計測する目的でこの組織 CM を尺度として採用した。

（4）自己効力感〔SE：Self-efficacy〕

Bandura（1977）によって提唱された「自己効力感（SE）」は、経営・行動科学分野では、職務の自信獲得を示す尺度概念として広く用いられている。その定義は「ある結果を生み出すために必要な行動をどの程度うまく行うことができるかという個人の確信」（坂野・東條、1986）とされ「自己遂行可能感」とも邦訳される。本論では、組織文化の構成要因として自己効力感を導入することで、充実感を伴う自発的な職務環境が整っているかどうかを判断する尺度とする。

なお、坂野・東條（1986）によると、自己効力感は自然発生的に高まるのではなく、①遂行行動の達成、②他者行為の代理経験、③自己教示や言語的説得、④情動的喚起といった多種の情報が生成を促すものとされている。自己効力感が高まると、自らの職務遂行能力への自信（Ability confidence）が高まり、結果として行動や業績の質の向上が期待される。

（5）外的地域対応要因

最後に、農業独自の文化要因とも言える外的地域対応要因について説明したい。外的地域対応要因のコンテンツとして想定するのは、①地域志向の理念形成、②経営と地域の利害調整、③地域コミットメント、④従業員の営農センスである。

①は地域活性化を志向する経営方針の策定や人材の地元登用、地元への利益還元などを目指す方向性がどの程度重視されているかという観点の要因であり、②は、例えば経営利益と地元調和のどちらを優先するかといった意思決定場面が想定されるほか、地元JAや各種団体との関係調整などもこれに類する要因である。また、③は地域への愛着や地元の活性化・再生に対する熱意に関する要因であり、最後の④は地域の土地利用の権利関係や土壌の特徴、水利などを熟知した上で営農に取り組めているか等の観点の要因となる。

5　アンケート調査の方法と結果

（1）調査目的と対象

本節では、前節までに構築した組織文化にかかる要因解析の枠組みに基づいて、実際の農業法人経営にそれらを適用し、定量的な分析を行うことを目的としてアンケート調査を実施した。そこでの課題は、①農業法人の職務遂行場面における人間関係に着目しながら、前出の組織文化の諸要因を定量的に把握すること、②法人として取り組む作目や部署の特徴により、それら数値がどう変化するか分析を行うことの2点である。2021年2月および同9月（追加調査）に、常勤雇用を有する法人7社を対象として「農業法人組織のリーダーシップと組織文化に関するアンケート調査」を実施した。

調査対象の選定にあたっては、地方、作目、事業内容が偏らないよう配慮した。結果として、東北地方の採卵養鶏業A社、北陸地方のぶどう作を中心に洋菓子、レストラン等多様な6次産業を展開するB社、東海地方の大規模稲作経営C社、東海地方の酪農経営D社、東北地方の野菜経営E社、北陸地方の稲作・果樹経営F社、九州地方の有機農業経営G社の計7社よりアンケート調査の実施承諾が得られた。

以下、調査対象となる7社の概要を整理した（表6-1）。東北地方の有限会社A社は1981年に法人化しており、資本金は1000万円、従業員は77名を雇用している。A社は、採卵鶏50万羽を飼養しており、ウインドレス鶏舎17棟の規模である。このほか最新式の自社GP（Grading and packing）センターを備え、HACCPを完備したクリーンな環境で効率的な生産を行っている。2021年度にはさらに鶏舎の増築も視野に入れた経営の拡大展開を目指している。

北陸地方の株式会社B社は、家業のぶどう栽培経営から出発し、早い段階からジャムやジュースの加工品を手がけ、1982年にはカフェスタイルの飲食店を開店させた。現在は、ぶどう農園の豊かな景観を活かした飲食店、洋菓子店、和菓子店、ブライダル事業まで手がける総合多角経営に成長した。従業員数は株式会社B社が296名で、うち正社員は130名である。農業部門

表6-1　アンケート対象法人の概要

	有限会社 A社	株式会社 B社	有限会社 C社	株式会社 D社	農事組合 法人E社	有限会社 F社	株式会社 G社
所在地	東北地方	北陸地方	東海地方	東海地方	東北地方	北陸地方	九州地方
法人化年	1981年	1985年	1990年	2017年	2015年	1999年	2015年
資本金	1,000万円	2,000万円	1,000万円	100万円	30万円	700万円	300万円
従業員数	77名 （うち正社員67名）	296名 （うち正社員130名） ※本調査対象は本店関係者80名	17名 （うち正社員13名）	14名 （うち正社員12名）	27名	17名	15名 （うち正社員7名）
営農作目	採卵鶏	果樹	稲作	酪農	野菜・花き	稲作・果樹	有機野菜
農業経営規模	飼養羽数：50万羽	ぶどう：2.0ha （系列別会社による）	水稲：244ha 作業受託：240ha	乳牛：250頭 （うち経産牛236頭） 交雑種：17頭	きゅうり：3ha 花き：2ha ほうれん草：2ha スイカ：1ha	水稲：32ha 柿：2.5ha イチゴ：0.3ha	有機野菜：5ha 稲作：9ha
農業生産以外の事業	GP、配送 堆肥生産	飲食店 洋菓子店 和菓子店 結婚式場	精米・販売	堆肥製造・ 販売バイオ ガス発電	なし	観光農園 フルーツ カフェ経営	加工商品 （あくまき・ モチ等）の 製造販売
2019年度売上高	23.8億円	25.3億円	4.3億円	4.1億円	1.1億円	0.8億円	0.6億円

資料：各社の会社概要記載事項および筆者のヒアリング調査等による

としては系列の有限会社D社（従業員8名、うち正社員3名）があり、ぶどう園（栽培面積2.0ha）において、約50種のぶどう栽培を行っている。

東海地方の有限会社C社は、経営耕地面積244ha（水稲165ha、小麦75ha、大豆4ha）、作業受託面積延べ240haを行う稲作大規模法人である。同社では最新式の大型機械、多彩なインプルメント、ICT機器等を活用し、2,000枚を超える圃場において安定生産を実現している。従業員は17名で、うち13名が正社員である。また、就業規則の制定、通勤手当の支給、労災保険、雇用保険、厚生年金等を早くから完備し、農繁期以外の週休2日制や年2回の賞与等も整備している。販路は全量実需者への直接出荷であり、精米配達はホテル、飲食店、老人ホームなど150先に及ぶ。

東海地方の株式会社D社は、役員2名、常雇10名、パート2名の労働力体制でホルスタイン250頭（うち経産牛236頭）を飼育する酪農経営である。年間の搾乳量は2,760トンにおよび、年間平均搾乳量は約13,000kg/頭に達する。飼育の特徴としては東海地方の豆腐業者から買い取る食物残渣（おから）を混ぜて給餌することで、牛の健康維持と食品ロスの削減に取り組んでいる。また、定格発電容量50kWのバイオガス発電プラントを愛知県の補助金を活用して2020年に導入しており、18トン/日の糞尿を処理しながら発電を行うなど環境に優しい経営を目指している。

東北地方の農事組合法人E社は、2015年に県の園芸団地育成事業を契機として設立された法人であり、経営には地元の農家6名が参画している。設立時に地元JAがパイプハウス77棟、作業棟5棟のほか、機械・設備などを取得し、E社に貸し付けを行っている。作付面積は計8haであり、内訳はキュウリ3ha、菊・小菊2ha、ほうれん草2ha、スイカ1haとなっている。地元雇用やシルバー人材センターの活用などを積極的に進め、現在はパートを含めて27名の雇用を確保し、生産性の高い園芸作の拠点として成長が期待される。

北陸地方の有限会社F社は、水稲32ha、柿2.5ha、リンゴ60a、高設栽培イチゴ2,900㎡などを営む農業法人である。2014年より自社敷地内にフルーツカフェを併設し、イチゴや柿をふんだんに使った観光客向けの季節営業カフェも営業している。また、減農薬・減化学肥料をはじめ、一部では自然栽培を取り入れた環境負荷低減に取り組んでいるほか、地域の資源循環にも積極的で、籾殻の堆肥化やイチゴ培地への利活用、酒粕の堆肥化、牡蠣ガラの土壌改良材としての利活用なども積極的に進めている。

九州地方の株式会社Ｇ社は、有機農業を主体とした経営を展開している。Ｇ社の特徴は、有機質肥料による土作りを徹底し、無農薬栽培を手がけることである。経営者ご夫妻は、自分たちが食べて健康になれるもの、人に勧めて間違いないものを商品として提供することを心がけており、近隣の消費者向けに自社直売所を設置しているほか、近年は宅配による野菜の配送も積極的に行っている。有機農業を目指す独立志向の若者を積極雇用しており、優秀な人材輩出をすることで地域農業に貢献しようという意識も強い。

（2）調査方法

今回実施したアンケートは「農業法人組織のリーダーシップと組織文化に関するアンケート調査（2021年２月）」である（追加調査は同年９月～10月に実施）。配布方式は、各法人の職場における配布であり、無記名回答である。記載内容の秘匿性を高めるため同数の封筒を配布し、記入後、記入者自身で封緘。回収は、職場内のアンケート回収ボックス等に封緘した封筒のまま投入していただく方法で行った。なお、Ｂ社以外については、パート・アルバイトを含む従業員全員に対する配布を依頼した。Ｂ社の配布対象はパート・アルバイトを含む本社関係者および農業生産を行う系列農業法人の全従業員とし、支店や地方販売店等の従業員は対象から除外した。総配布数は240通、回収数は174通、回収率は72.5％である。無効回答はなく、有効回答率も同率であった。

調査票の構成は、属性項目として年齢、性別、就業年数、部署、役職、前職の業種のほか、就職のきっかけとして就職ルート、地域選択、就職の決め手を設問として設けている。

組織文化の定量把握項目は、表６−２に整理した。内的構造要因として、TFL（12問）、TSL（６問）、SL（７問）、組織CM（７問）、SE（７問）のほか、

表6－2　アンケート調査票の調査項目

カテゴリ		設問
変革型リーダーシップ（TFL）	カリスマ性	(1)あなたのリーダーはともに働くことに誇りを感じさせられる
		(2)あなたのリーダーは自分のことよりもグループのために働く
		(3)あなたのリーダーは自身の重要なビジョン・価値観や信念について語る
		(4)あなたのリーダーは意思決定における倫理上の影響を考慮している
		(5)あなたのリーダーは目標を共有することの重要性を強調する
		(6)あなたのリーダーは目的を達成するために必要なものは何かを熱心に語る
	知的刺激	(7)あなたのリーダーは部下たちに対して多くの異なった視点から検討させる
		(8)あなたのリーダーは問題解決の場面で、異なった見方ができないか探る
		(9)あなたのリーダーは仕事の役割について新しい見方を提案する
	個人重視思考	(10)あなたのリーダーは指導や教育に時間をかける
		(11)あなたのリーダーは部下の要望、能力、抱負などの違いを尊重する
		(12)あなたのリーダーは部下たちそれぞれの強みを伸ばす支援を惜しまない
交流型リーダーシップ（TSL）	随伴報酬	(1)あなたのリーダーは部下の努力に対してそれに応える支援を提供する
		(2)あなたのリーダーは業績や目標達成の責任は誰にあるかを明確に話す
		(3)あなたのリーダーは部下が期待通りの結果を出したときにねぎらう
	能動的例外管理	(4)あなたのリーダーはミスやクレーム、違法性や基準逸脱に注意を払う
		(5)あなたのリーダーはミスをよく把握している
		(6)あなたのリーダーは期待基準に達しなかったことに特に注意を払う
シェアド・リーダーシップ（SL）	目的の共有化	(1)あなたのチームでは業務の目標・目的について共通理解が得られている
		(2)あなたのチームはチーム目標を達成するための行動計画を立てている
	社会的サポート	(3)あなたのチームは目標や進捗状況について日頃から情報交換を行う
		(4)あなたのチームはお互いの成果と努力を積極的に認めている
		(5)あなたのチームは調子の悪いメンバーをお互いに励ましている
	意見表明	(6)あなたのチームは議論や意思決定の際に意見を出すことを奨励している
		(7)あなたは、チームの仕事の仕方について自分なりの意見がある
組織コミットメント（組織CM）	情緒的	(1)この会社の問題をあたかも自分自身の問題のように感じる
		(2)この会社の一員であることを誇りに思う
		(3)この会社の人間関係は良好で気に入っている
	規範的	(4)この会社に恩義を感じるので、今辞めようとは思わない

カテゴリ		設問
組織CM	規範的	(5)今、この会社を辞めたら、後ろめたさを感じるだろう
	継続的	(6)今、この会社を離れるとどうなるか不安で混乱すると思う
		(7)今、この会社を辞めたら損失が大きいので、この先も勤めようと思う
自己効力感（SE）	行動積極性	(1)あなたは仕事を行う際は、自信を持ってやれる
		(2)あなたは何かを決めるとき、迷わずに決定する
		(3)あなたは結果の見通しがつかない仕事でも積極的に取り組める
	失敗への不安	(4)あなたは何かをするとき、失敗するのではと不安になることが多い
		(5)あなたはどうすべきか決まらず仕事に取りかかれないことが多い
	能力の社会的認知	(6)あなたは同僚（友人）よりも優れた知識・能力を持つ分野がある
		(7)あなたには世の中に貢献できる能力があると思う
外的地域対応要因	地域志向の理念形成	(1)あなたの会社は地域の繁栄を理念に掲げている
		(2)あなたの会社は地域のためになる事業を重視している
		(3)あなたの会社は地元の雇用を大事にしていると思う
		(4)あなたの会社は地域の行事や祭りなどに積極的に関与している
	経営と地域の利害調整	(5)あなたの会社は地域の行政・JA等と協力体制が取れている
		(6)あなたの会社は事業にあたって地域の営農規範に配慮している
		(7)あなたの会社は地元の顧客を大事にしている
	地域コミットメント	(8)あなたの会社は経営と地域が利害相反するとき地域利害を優先する
		(9)あなたは仕事上、地域の他の農業者との関わりが多い
		(10)あなたは仕事上、地域の商工業者との関わりが多い
		(11)会社の繁栄は地域との良好な関係があってこそだと思う
	従業員の営農センス	(12)あなたは地域の農地の権利関係について熟知している
		(13)あなたは地域の農地の特性や土質を熟知している
		(14)あなたは地域の水利・水利権のことを熟知している
チームパフォーマンス		(1)あなたのチームは生産性が高い
		(2)あなたのチームの仕事の質は高く、正確で間違いがない
		(3)あなたのチームの仕事は創造的・革新的である
		(4)あなたのチームの仕事は他から信頼され、社内外から評価が高い
		(5)あなたのチームは活気があり、メンバーは活き活きと仕事をしている

資料：農業法人組織内のリーダーシップと組織文化に関するアンケート調査

注：1）TFL、TSLの調査項目作成にあたっては、神谷(2011)の日本語訳を参考とした。なお、TFLおよびTSL設問中の「リーダー」は直属の上司を指す。

2）SLの調査項目作成にあたっては、Carson, J.B. et al.（2007）Appendix Aを日本語訳を参考とした。

3）組織CMの調査項目作成にあたっては、日本労働研究機構（2003）を参考とした。

4）SEの調査項目作成にあたっては、坂野・東條（1986）を参考とした。

外的地域対応要因に関わる設問として14問を設けた。このほか、チームパフォーマンス尺度（5問）を用意した。設問は、「よく該当する」～「全く該当しない」の4段階リッカート尺度を基本とし、外的地域対応要因のみ「分からない」を含む5段階リッカート尺度とした。なお、これらの設問群を作成するに当たっては、前掲各指標のオリジナル調査項目体系をベースとして、調査対象経営の経営者らと調整を行い、設問意図が変容しないよう留意しながら設問数を減らすなどの簡略化を行った。

（3）回答者の基本属性

アンケート調査回答者の基本属性は表6－3に示した。回答者の年齢構成をみると、30歳代が最も割合が高く24.4%、次いで40歳代（23.3%）、20歳代以下（19.8%）などとなっており、対象年齢層の偏りは特にないものと考えられる。性別は、男性が61.3%、女性が38.7%で男性がやや多い。就業年

表6－3　アンケート回答者の基本属性

（単位：件、%）

区分		件数	割合
企業別(n=174)	A社	58	33.3
	B社	57	32.8
	C社	13	7.5
	D社	13	7.5
	E社	20	11.5
	F社	8	4.6
	G社	5	2.9
年齢(n=172)	20歳代以下	34	19.8
	30歳代	42	24.4
	40歳代	40	23.3
	50歳代	30	17.4
	60歳代以上	26	15.1
性別(n=173)	男性	106	61.3
	女性	67	38.7
就業年数(n=164)	3年未満	36	22.0
	3～5年	19	11.6
	5～10年	40	24.4
	10～15年	26	15.9
	15～20年	19	11.6

区分		件数	割合
就業年数	20～30年	15	9.1
	30年以上	9	5.5
就職ルート(n=70)	学校等の推薦	7	4.1
	学校等の斡旋	6	3.5
	ハローワークの求人を見て	27	15.9
	求人情報誌・ネット求人	22	12.9
	過去のアルバイト経験	4	2.4
	知人・親類の紹介	60	35.3
	知人・親類が勤めていた	29	17.1
	その他	19	11.2
就職の決め手(n=162)	社風・理念	30	18.5
	やりがい	44	27.2
	会社の将来性	26	16.0
	人材育成方針	3	1.9
	自身の専門性の発揮	27	16.7
	福利厚生	17	10.5
	給与	26	16.0
	通勤の便	60	37.0
	その他	26	16.0

資料：農業法人組織内のリーダーシップと組織文化に関するアンケート調査

数については「5～10年」の割合が24.4%と最も高いほか、「3年未満」(22.0%)などの割合が比較的高い。就職ルートは「知人・親類の紹介」(35.3%) および「知人・親類が勤めていた」(17.1%) が最も割合が高く、次いで「ハローワークの求人を見て」(15.9%) が続く。就職の決め手は「通勤の便」(37.0%) と「やりがい」(27.2%)、「社風・理念」(18.5%) の割合が高い。なお、紙幅の関係上図示できないが、G社が「社風・理念」「会社の将来性」(いずれも60.0%)、C社が「やりがい」(66.7%) を挙げる割合が高いのに対して、A社は「通勤の便」(52.6%) の割合が高いなど、法人によってその特徴は異なっている。

(4) 組織文化9要因サブカテゴリに関する得点分析

図6－4は、アンケートで得られた組織文化構成要因の得点を法人ごとに集計したものである。まず、全般的な得点水準をみると、G社 (3.41ポイント)、C社 (3.20ポイント) が高く、A社 (2.77ポイント)、F社 (2.86ポイント) が低

図6－4 調査対象企業の組織文化構成要因のサブカテゴリ得点

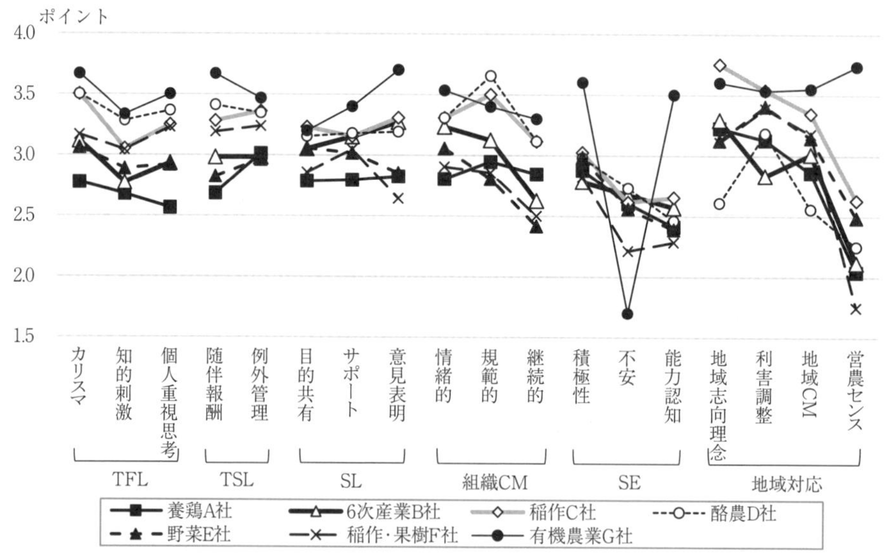

資料：農業法人組織内のリーダーシップと組織文化に関するアンケート調査
注：地域対応要因の調査項目である「営農センス」は各社の農場関係者のみに限定して表示した。

めであることが読み取れる。G社は有機農業を目指した将来独立志向のある若手従業員が集っているためかTFL、TSL、SLが高いほか、「不安」以外の自己効力感、地域対応要因も総じて高くなっている。ただ、自己効力感の不安が強い点についてはケアが必要である。C社はSL、組織CMなどが高く、社員の士気の高さが読み取れる。地域対応要因についても現場作業が中心の従業員が多いためかG社に次いで高い。一方、A社はGPや配送部門にルーチンワークが多いためかTFL、TSL、SLが低めになっており、リーダーシップやチームワークのあり方について再検討が望まれる。F社はTFL、TSLについては調査対象の中で中庸であるが、組織CM、自己効力感が低く、自信を持って働ける環境作りが必要とされている可能性がある。

6　主成分分析に基づく組織文化の類型・特性分析

（1）主成分分析の方法

次に、組織文化に関する類型・特性分析を行うため、組織文化9要因のサブカテゴリ値について標準化処理を行った後、主成分分析を行った。投入変数は組織文化9要因にかかるサブカテゴリにあたる18変数から、回答サンプル数の限られる「従業員の営農センス」を除いた17変数を用いた。主成分分析の回転法はKaiserの正規化を伴うバリマックス回転を用い、固有値の下限値は1とし、7回の反復で回転は収束した。なお、分析にはSPSS Statistics Ver.27を用いた。

因子負荷0.5以上の降順に並べた回転後の成分行列は表6−4の通りである。第1主成分はTFL、TSL、SLの各カテゴリを要素とすることから「リーダーシップ力」、第2主成分は地域対応の各カテゴリを要素とすることから「地域対応力」、第3主成分は組織CMの各カテゴリを要素とすることから「組織CM」と命名することとした。以下の分析では、累積寄与率が5割を超える上記の第3主成分までを使用することとし、生成された主成分得点を用いて類型・特性分析を行った。

（2）主成分得点に基づく分析結果

アンケート調査対象企業の主成分得点は図6－5に示した。第1主成分（リーダーシップ力）と第2主成分（地域対応力）の関係を見た左図では、土地利用型農業を行うG社、C社、F社、E社が第1象限に位置し、リーダーシップ力とともに地域対応力も高いことが分かる。中でもG社は両主成分の値が大変高い。一方、B社、D社は第1主成分（リーダーシップ力）は高いものの土地利用型法人ほど地域農業に対する関与が少ないためか、第2主成分（地域対応力）はマイナスとなり、第4象限に位置している。右図は第1主成分（リーダーシップ力）と第3主成分（組織CM）との関係を見ている。ここで第1象限に位置するD社、C社、G社、B社はリーダーシップが十分発揮されると

表6－4　主成分分析結果（回転後の成分行列）

	第1主成分：リーダーシップ力	第2主成分：地域対応力	第3主成分：組織コミットメント
固有値	7.183	2.123	1.344
TFL 個人重視思考	0.864	0.182	0.261
TSL 随伴報酬	0.831	0.223	0.239
TFL カリスマ	0.823	0.156	0.324
TFL 知的刺激	0.817	0.247	0.208
TSL 例外管理	0.797	0.255	0.165
SL サポート	0.760	0.109	0.060
SL 目的共有	0.684	-0.057	0.104
SL 意見表明	0.566	0.122	0.102
地域利害調整	0.099	0.824	0.084
地域 CM	0.252	0.776	0.121
地域志向理念	0.201	0.724	0.209
組織 CM 規範的	0.174	0.253	0.868
組織 CM 継続的	0.291	0.047	0.822
組織 CM 情緒的	0.481	0.301	0.574
自己効力能力認知	－0.033	0.134	0.020
自己効力積極性	0.125	0.369	0.114
自己効力不安	－0.301	－0.042	0.044
成分寄与率	31.5	14.0	12.7
累積寄与率	31.5	45.5	58.2

資料：農業法人組織内のリーダーシップと組織文化に関するアンケート調査
注：1）因子抽出法は主成分分析，回転法は Kaiser の正規化を伴うバリマックス法を用いた。
　　2）回転は7回の反復で収束した。

ともに組織CMも高いため、組織の活性度が高く、働きやすい職場環境にあることが推測できる。その点、組織CMが低く第3象限に位置するE社とF社は、社員の働き方の工夫などを行うことによって組織CMの改善の余地はあるように感じられる。

図6−5　調査対象各企業の主成分得点

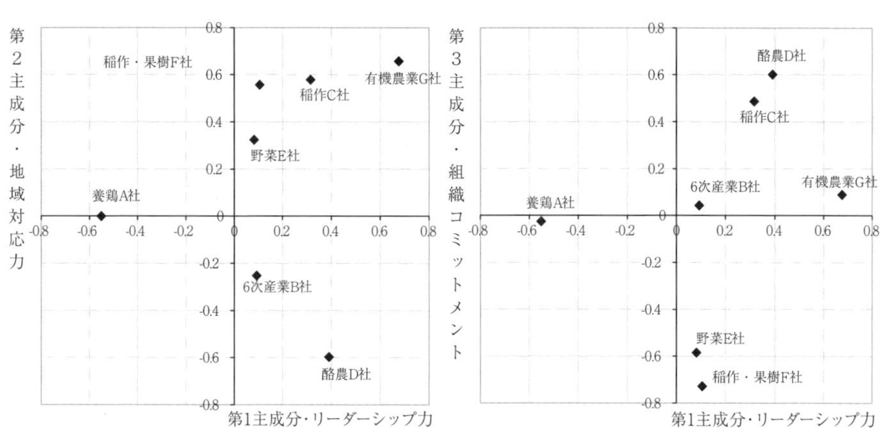

資料：農業法人組織内のリーダーシップと組織文化に関するアンケート調査

次に、就職ルートについて、第1主成分（リーダーシップ力）と第3主成分（組織CM）のそれぞれの得点分布を分析したのが図6−6である。第1主成分（リーダーシップ力）得点が負の値を取るのは、「知人・親戚が勤めていた」（−0.05、0.26）と「知人・親戚の紹介」（−0.26、−0.21）など縁故就職のグループである。また、第3主成分（組織CM）得点が負の値を取るのは「学校の斡旋」（0.30、−0.15）、「学校の推薦」（0.86、−0.18）、「知人・親戚の紹介」（−0.26、−0.21）といった他者からの推薦・斡旋を通じて就職を決めたグループである。これに対して自発的な就職活動を経て職を決めたと考えられる「過去のアルバイト経験」（0.40、0.30）、「求人情報誌・ネット求人」（0.07、0.32）、「ハローワークの求人を見て」（0.25、0.08）は両主成分得点がいずれも正の値であった。組織文化の視点から分析すると、就職ルートによって主成分得点の特徴が見られることから、得点が低くなり易い傾向にある部分については、入社後の研修や働き方の工夫によって底上げを目指すことが必要であると示唆される。

さらに、図6−7では、アンケートで回答のあった「就職の際の決め手」と主成分得点との関係を分析した。アンケート調査における具体的な問は、前掲表6−3にある9項目の選択肢の通りであるが、ここでは、それらのうち「社風・理念」「やりがい」「会社の将来性」の3項目をカテゴリ統合した「理念・やりがい・将来性」と回答したグループ、および「通勤の便」「給与」「福利厚生」の3項目をカテゴリ統合した「通勤の便・給与・福利厚生」と回答したグループについて、それぞれ第1主成分（リーダーシップ力）と第2主成分（地域対応力）との関係を分布図で示した。なお、同設問は複数回答のため、両方に回答したサンプルは図示を省略している。

第1主成分（リーダーシップ力）と第2主成分（地域対応力）との関係を示した図6−7左図によると、就職の決め手を「理念・やりがい・将来性」とするグループは第1象限に多くみられ、その平均値は（0.15、0.40）である。これに対して、「通勤の便・給与・福利厚生」とするグループは、図の原点付近から第3象限に多く分布しており、平均値は（−0.43、−0.24）である。他方、右図で第1主成分（リーダーシップ力）と第3主成分（組織CM）との関係をみると、左図に比べて分布が広範囲に拡がっているように見えるもの

図6−6　就職ルート別にみる主成分得点

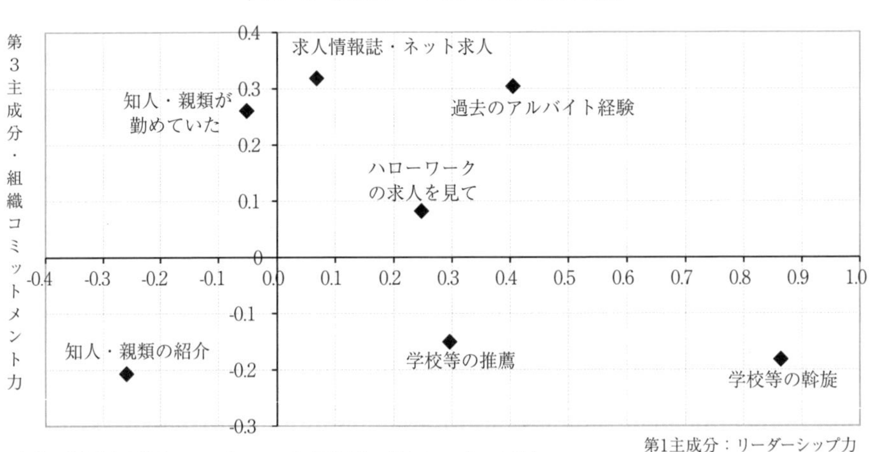

資料：農業法人組織内のリーダーシップと組織文化に関するアンケート調査

の、平均値を取ると、やはり「理念・やりがい・将来性」(0.15、0.18) は第1象限に、「通勤の便・給与・福利厚生」(−0.43、−0.25) は第3象限に位置しており、左図同様の傾向が確認された。

図6−7　就職の際の決め手別にみる主成分得点の分布

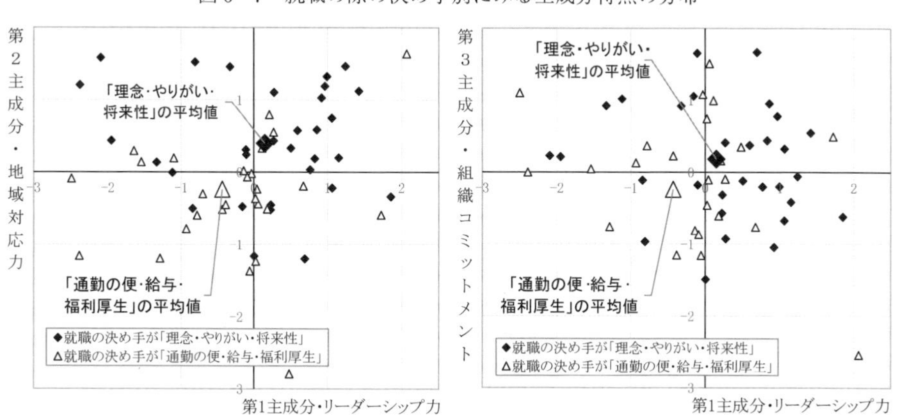

資料：農業法人組織内のリーダーシップと組織文化に関するアンケート調査

最後に、第1～第3主成分得点とチームパフォーマンス尺度との相関を確認するため、相関係数をチェックしたのが表6−5である。結果的には、チームパフォーマンスとの相関が確認されたのは第1主成分（リーダーシップ力）と第3主成分（組織CM）であり、相関係数はそれぞれ0.61、0.24であったため、第1主成分とチームパフォーマンスとの関係には強相関が、第3主成分との関係には弱相関がそれぞれ認められたと考えてよいだろう。一方、第2主成分（地域対応力）とチームパフォーマンスとの間には、有意な相関関係は認

表6−5　主成分得点とチームパフォーマンスの相関係数

	第1主成分（リーダーシップ力）	第2主成分（地域対応力）	第3主成分（組織CM）
チームパフォーマンスとの相関係数	0.61	0.07	0.24

資料：農業法人組織内のリーダーシップと組織文化に関するアンケート調査

められなかった。

今回のアンケートにおいては、チームパフォーマンスは職務生産性を把握するために設けられたものであったため、内部構造要因都の相関が確認されたことは想定通りであるが、一方で、主成分分析によって析出された第2主成分（地域対応力）について、こうした組織内部向けの尺度によって計測することが難しいことが確認された点は、新たな発見といえよう。

7　考察と結論

近年、我が国の農業において、農業経営の組織化が大きく進みつつあることは冒頭に記した通りであるが、そのことを受けて農業においては経営組織の高度化、成果を上げられる組織機構の醸成が待ったなしの課題となっている。本論で取り上げた組織文化は、職場の雰囲気やリーダーシップ、組織コミットメントなど組織の中で潜在化してしまいがちな見えざる機能を見える化するための概念装置として、一層研究・分析が進められるべきものといえる。

本論では、農業経営が一定の経営理念を伴った戦略を遂行する際に、触媒的な機能を果たすものとして組織文化を捉え、その機能を説明した。この説明によれば、経営組織構造のパフォーマンスを高めるため、下部の基礎構造ともいえる組織文化に何らかの刺激を与え、活性化する手立てを講じることが必要となる。そして、組織文化を革新的なものに変貌させることによって、経営戦略が実行しやすくなり、その効果の発現をも促進する可能性があるという構図である。本論において、こうした組織文化を把握するための概念構図を模式的にであれ示すことができたことは、今後の研究発展の一つの足がかりになる可能性があるように思う。

また、組織文化を規定する要因を内的構造要因と外的地域対応要因に分類し、それぞれの要因を解析するための調査項目群を整理することも本論に課せられた課題の一つであった。内的構造要因については、行動科学における5つの概念、すなわち、リーダーの態度や職場の管理方法を規定する比較的新しい垂直型リーダーシップ概念である① TFL と② TSL、③職場内の水平的な人間関係を活性化することでパフォーマンスを高めることが期待されるSL、④組織に対する愛着や貢献欲を規定する組織CM、⑤従業員自身の心理的な「自己遂行可能感」を規定するSE、をそれぞれ援用することで、組織文化の構成要因を多面的かつ包括的に把握するための枠組みの整理に努めた。一方、農業経営に特有である外的地域対応要因については、地域志向の理念形成、経営と地域との利害調整、地域コミットメント、従業員の営農センスにかかる項目を想定し、現実の調査分析等に用いることが可能な調査項目体系を整理するに至った。

農業関係の法人7社を対象としたアンケート調査の分析では、上記で検討した組織文化9要因のサブカテゴリ値に基づいて主成分分析を行い、分析の結果析出された第1主成分（リーダーシップ力）、第2主成分（地域対応力）、第3主成分（組織CM）の得点を用いて属性項目との関係を明らかにした。

まず、営農類型との関係分析においては、ある意味当然の結果ではあるものの、土地利用型法人の第2主成分（地域対応力）の高さが確認された。また、同じ営農類型の中にあっては、組織活性度の高さや働き方改善の進捗度合いが第1主成分（リーダーシップ力）と第3主成分（組織CM）の分布図における相対的な位置づけを左右していた。

就職ルート別に主成分得点の分布を確認した分析では、縁故入社の第1主成分（リーダーシップ力）の低さが確認できたほか、他者推薦による就職組の第3主成分（組織CM）の低さも同時に確認され、自発的な就職活動を行った者の主成分得点が相対的に高い結果となった。また、就職の際の決め手に関する分析では、「理念・やりがい・将来性」を掲げた従業員の方が、「通勤の便・給与・福利厚生」を掲げた従業員よりも、第1～第3主成分得点の平均値がいずれも高い結果となった。

これらの結果の意味するところは、入社方法や就職の際の決め手となった思考がその後の職務意識に影響を与えているということであるが、このことは逆に、就職ルートや就職時の思いの特徴を踏まえた適切なケアを行えば、意識改善につながる可能性を示しているともいえよう。中でも、就職の際の決め手の分析では、分布の分散の大きさも同時に確認されている。分散の大きさは個人差が大きさを表しており、具体的な人材教育の場では、どういった方針による教育が、組織文化のどのような改善につながるかという実践的研究も併せて必要であることを示しているように思われる。

以上、本論では組織文化諸要因の構造解明とそれら要因の定量的分析に取り組んだ。また、こうした組織文化の分析枠組みの検討を通じて、析出された要因は、組織内の人材の意識や働き方、モチベーション等を改善していく上でも応用可能なツールとなり得ることを一定程度示せたように思う。

なお、現時点では、組織文化に関する研究は緒に就いたばかりという段階であり、試論的な基礎研究の域を出ていない。しかしながら、こうした組織文化の研究は、これを深めていくことによって、組織の具体的な課題や人材のコーチングや意識改善を行っていく際の応用可能性を十分秘めているように思われる。

引用・参考文献

Avolio, B.J., Jung, D.I., Murry, W, and Sivasubramaniam (1996) Building Highly Developed Teams: Forcusing on Shared Leadership Processes, Efficacy, Trust, and Performance, in Beyerlein, M.M., and Johnson, D.A., (eds.) *Advances in Interdisciplinary Study of Work Teams* (Vol.3), Greenwich, CT: JAI Press: 173-209.

Bandura, A. (1977) Self-efficacy: Toward a unifying theory of behavioral change. *Psychological Review*, 84 (2)：191-215.

Barney, J.B. (1986) Organizational Culture: Can It Be a Source of Sustained Competitive Advantage?, The Academy of Management Review, Vol.11, No.3：656-665.

Bass, B.M. (1985) Leadership and performance beyond expectations. New York: The Free Press.

Carson, J.B., Tesluk, P.E., Marrone, J.A. (2007) Shared Leadership in Teams: An Investigation of Antecedent Conditions and Performance, *The Academy of Management Journal*, 50 (5)：1217-1234.

石川淳（2013）「研究開発チームにおけるシェアド・リーダーシップ－チーム・リーダーのリーダーシップ，シェアド・リーダーシップ，チーム業績の関係－」『組織科学』46(4)，組織学会：67-82.

石川淳（2016）『シェアド・リーダーシップ－チーム全員の影響力が職場を強くする－』，中央経済社.

入山章栄（2019）『世界標準の経営理論』，ダイヤモンド社：320-357.

神谷恵利子（2011）「チームの業績および組織コミットメントに影響を及ぼす変革型および交流型リーダーシップの有効性の検討」『産業・組織心理学研究』25(1)：81-89.

木南章・木南莉莉（2012）「雇用就農者の就業意識の形成プロセスに関する分析」『農業経営研究』50(1)：58-63.

日本労働研究機構（2003）「組織診断と活性化ための基盤尺度の研究開発－HRMチェックリストの開発と利用・活用－」，日本労働研究機構調査研究報告書161，日本労働研究機構.

小原久美子（2016）「経営イノベーションと組織文化変革のリーダーシップ－組織変革論の新たな視点としての組織文化変革－」『県立広島大学経営情報学部論集』8，県立広島大学：61-77.

Pearce, C.L. & Conger, J.A. (2002) Shared Leadership: Reframing the Hows and Whys of Leadership, SAGE Publications.

Porter, L.W., Steers, R.M., Mowday, R.T., & Boulian, P.V. (1974) Organizational Commitment, Job Satisfaction, and Turnover Among Psychiatric Technicians. *Journal of Applied Psychology*, 59: 603-609.

坂野雄二・東條光彦（1986）「一般性セルフ・エフィカシー尺度作成の試み」『行動療法研究』12(1)，一般社団法人日本認知・行動療法学会：73-82.

坂下昭宣（1995）「創業経営者のビジョナリー・リーダーシップと組織文化」『岡山大学経済学会雑誌』26(3-4)，岡山大学：105-119.

澤野久美・澤田守（2018）「雇用型農業法人における人材育成の実態と課題－経営幹部育成に向けた取り組みに着目して－」『農業経営研究』56(2)：27-32.

Schwartz, H. Davis, S. M. (1981) Matching Corporate Culture and Business Strategy, Organizational Dynamics Vol.10, Issue 1, Summer 1981: 30-48.

渋谷往男（2019）「一般経営学における経営戦略手法の農業経営への適用可能性」『農業経営研究』57(1)，日本農業経営学会：10-23.

田口光弘・若林勝史・迫田登稔（2016）「雇用型経営における従業員の組織コミットメント向上方策の実態と課題」『フードシステム研究』23(3)：253-258.

内山智裕（2011）「農業における『企業経営』と『家族経営』の特質と役割」,『農業経営研究』48(4)，日本農業経営学会：36-45.

第７章　戦略的人的資源管理と組織文化
―大規模養豚法人を事例として―

前田佳良子*・澤田　　守**・納口るり子***
(*セブンフーズ株式会社・**農研機構・***筑波大学)

Ｉ　はじめに

農林業センサスによれば、全国の農業経営体は、2015年の1,377千経営体から、2020年の1,076千経営体へと減少しているが、法人経営は、2015年の27千経営体から2020年の31千経営体へと増加が続いている。その中でも農業経営体に占める法人経営の割合が高い作目が養豚である。養豚では、販売目的の飼養経営体数が2015年から2020年にかけて3,673経営体から2,729経営体に減少する一方、法人経営は1,360経営体から1,372経営体へと微増した。その結果、飼養経営体数の半数を法人経営が占める状況にあり、法人経営の割合が極めて高い。養豚経営では2015年から2020年にかけて、1経営体あたりの平均頭数は2,146頭から2,806頭に急増し、法人経営においては1経営体あたりの平均頭数が4,897頭にまで達している。

国内の農業経営体全体をみると、法人経営の割合は3%にも満たず、法人化の歴史は浅く、経営戦略や人的資源管理そして組織文化の概念は広く普及しているとは言えない。また、農業経営学において経営戦略・人的資源管理と組織文化を関連づけた研究の蓄積はほとんどない。だが、農業経営の規模拡大が進む中、この分野の研究の重要性は高まっており、法人経営の割合が高く、企業的な経営が多い養豚経営に着目することで、経営戦略・人的資源管理と組織文化との関係性についてより詳細に分析することが可能になると考える。

以上のことを背景として、本章では大規模養豚法人を分析対象とする。養豚経営では、一経営体あたりの飼養頭数の増加に伴い、家族のみでの飼養管理が限界となり、法人化して従業員を雇用する動きが加速し、雇用者数も増えている。法人化後は、採用、人材育成、労務管理、福利厚生など人的資源管理が必要となっており、様々な課題を抱えながら、試行錯誤を繰り返している段階にあると言える。

大規模養豚法人では、小規模な耕種農家と違い、企業的要素が強い。大規模養豚法人の特徴としては、第一に生産のための投資金額と運転資金の大きさゆえに、農業であると同時に装置産業のような特徴をもつ。経営者にとって、自らの資産を大きく超える事業費となるため、十分に練られた経営戦略、それを裏付ける緻密な事業計画が必要である。そのため、経営者には高いマネジメント力や強いリーダーシップが求められる。第二に、養豚生産に関する飼養技術は複雑であり、特に家畜の治療は、従業員が自ら行うため、病気に関する知識、医療的技術など、多くの訓練を必要とする。また、飼料に関しては必要栄養素の知識など、学ばなければいけないことは多い。部門毎のリーダーにはチームの技術指導と管理が必要であり、農場等の責任者には、農場全体を運営するマネジメント力が求められる。第三に、大規模養豚法人の雇用就農者は新卒者や中途採用者であるが、その殆どが正社員として雇用され、階層化された組織の一員となる。雇用就農者の多くは非農家出身で独立を志向せず、役職志向や長期勤務志向が高い傾向にある。

以上をまとめると、大規模養豚法人経営には、①多額の設備投資、②高い技術力が求められる、③正社員が多く、階層化した組織という特徴がある。経営者にとって、多額の設備投資が必要なため、経営戦略とともに、高い技術力を保持するための人的資源管理が必要となる。組織文化とは、伊丹・加護野（1989）によれば、構成員によって共有化された価値観、行動規範、信念などと定義されている。そのため、戦略的人的資源管理が組織文化と緊密な関係を維持することができれば、経営戦略に対して従業員の肯定的受容を容易にし、持続的競争優位の源泉となり、最終的に企業業績の向上に繋がるという仮説が考えられる。そこで本章では、大規模養豚法人における戦略的人的資源管理と組織文化との関連性について解明するとともに、経営成果への影響について考察する。

Ⅱ　先行研究と分析方法

1　先行研究

戦略的人的資源管理に関しては、米国において、1920年代頃からTaylor, F.W.（1911）らによって、課業管理、作業の標準化、作業管理のために最適な組織形態など科学的管理法が提唱され、労務管理という考えが興り、それが人的資源管理と称されるようになった。1980年代になると戦略的視点を内包した人的資源管理である戦略的人的資源管理が台頭した。Wright, P.M. and McMahan, G.C.（1992）は、戦略的人的資源管理について、人的資源管理と組織の戦略との調整・連携が必要であるという認識に基づいて「組織の目標が達成できるよう計画的にパターン化された」人的資源管理としている。

組織文化に関しては、小原（2014）が、現代機能主義的組織文化と解釈主義的組織文化を整理したうえで「企業における組織の構成員が共有するシンボル意味体系および組織の意味や価値観、行動規範、信念の集合体として表れた組織特有の意味・解釈枠組み及びその思考パターン」を示しているとした。伊丹・加護野（1989）は、「組織構成員によって内面化され共有化された価値、規範、信念のセットである」と定義した。

戦略的人的資源管理と組織文化の関係に関して、企業業績の向上に結び付けるためには､組織文化が重要であるとしたのが信川である。信川（2016）は、戦略的人的資源管理と組織文化の関係性について「企業戦略と人的資源管理が組織文化と緊密関係を保ち遂行されることが、最終的な企業業績に大きく貢献すると考えられる」と述べ、「組織文化に寄り添った施策を策定・実施することは（中略）組織コミットメントを高め、従業員の企業貢献への継続を可能にすると考えられる」と指摘した。

本章では信川が提示した、組織文化を重視した人的資源管理の概念図をもとに、図7-1のように企業戦略と人的資源管理、組織文化の関係性を整理する。

図7－1　組織文化を重視した人的資源管理の概念図

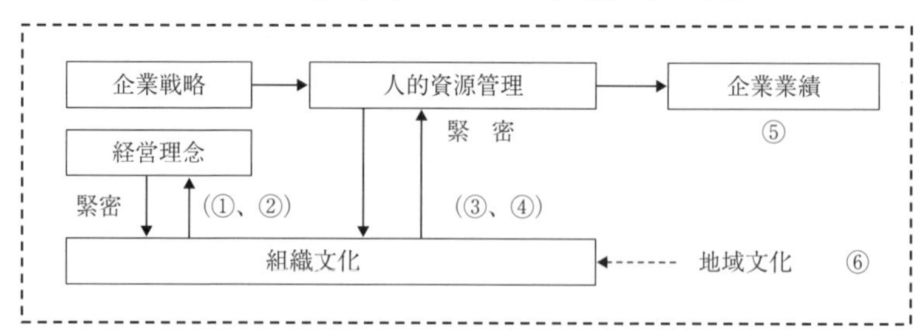

資料：信川（2016）の図をもとにして，一部を筆者が修正して作成。
注：丸数字は分析項目に対応している。

2　分析方法

本章では、大規模養豚法人であるセブンフーズ株式会社（以下、セブンフーズとする）を対象として、戦略的人的資源管理と組織文化の関係性について実証的に分析する。最初に経営資料をもとに2007～2019年の13年間の経営展開と人的資源管理の変遷を整理する。次に、2017年頃から取り組んだ戦略的人的資源管理と組織文化の関係性について、これまでの経営資料、及び従業員の各種アンケート調査結果をもとに考察し（図7－1図中の①～④)、企業業績との関係性（⑤）について検証する。最後に大規模養豚法人の運営に不可欠となる地域との関係性（⑥）について考察する。

分析手法としては、経営資料に基づく整理と従業員（正社員のみを対象）へのアンケート調査分析である。アンケートに関しては2020年11月から12月に実施し、①経営理念への関心、②職務満足度、③組織コミットメントに関する調査を行った。アンケートは全て匿名で実施し、全正社員から回収している。アンケートは5段階評価であり、ここでは「大変そう思う」を5、「ややそう思う」を4、「どちらともいえない」を3、「あまりそう思わない」を2、「全然思わない」を1とし、平均スコアを算出し、比較している。

Ⅲ　戦略的人的資源管理と組織文化の考察

1　セブンフーズの経営展開と人的資源管理の変遷

（1）セブンフーズの概要

事例法人であるセブンフーズは、九州の中央部に位置する熊本県菊池地域と阿蘇地域に5つの養豚場を運営している。セブンフーズは、1970年に現社長の父である前会長が養豚事業を創業した。1984年に現社長となる前田佳良子が経営参画し、1992年に法人化し、入社から20年後の2004年に代表取締役に就任した。現在、2002年に経営参画した実弟と共に法人を運営している。2020年には年間5万頭強の肉豚を出荷した。2013年からは野菜生産を開始し、現在は、年間600tの露地野菜を出荷し、持続可能な循環型農業に取り組んでいる。2020年の全従業員数は77名（正社員数58名、うち女性が13名）、正社員の平均年齢は34歳、年間売上高は約20億円である。セブンフーズの会社組織は、養豚部門と支援部門、本部の大きく3つに分かれており、勤務部署も10か所に分かれている（図7−2）。2007年からの年間出荷頭数と従業員数の変化を図7−3に示すと、2007年から現在まで拡大傾向にあり、特に2007年から2012年にかけて急速に規模を拡大していることがわかる。

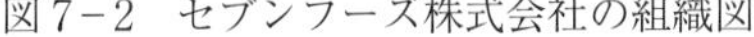

図7−2　セブンフーズ株式会社の組織図

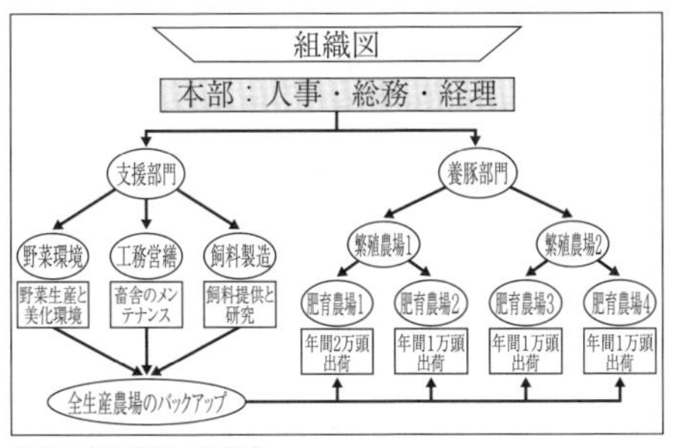

資料：会社資料より作成。

図7−3　セブンフーズ株式会社の出荷頭数と従業員数の推移

資料：会社資料より作成。

（2）創業から 2016 年までの変遷

セブンフーズは、2007 年時の出荷頭数は 240 頭、売上高は 9,000 万円、従業員数は 4 名であったが、その後、農場の規模拡大を進め、2007 年～ 2012 年の 5 年間で出荷頭数 4.6 万頭、売上高 15 億円となった。従業員数は 64 名にまで急拡大し、戦略的人的資源管理の必要性が高まり、経営戦略に対応した人材の育成、労働条件の改善、人事評価などが重要課題となった。2007 年に新農場計画を立てた際には、①福利厚生の充実による雇用の確保、②早期の技術習得、③有利販売の実現のための母豚 1,000 頭一貫飼養、の 3 点を念頭に規模を決定した。この計画をもとに、繁殖農場を①交配班、②分娩班、③子豚班、④発酵床管理班などに分け、従業員 3 名前後を配置した。飼養形式は、週毎の管理となっており、曜日毎に 8：00 ～ 17：00 の業務内容が事前に決められている。およそ 30 分～ 2 時間ぐらいで一つ一つの作業が組まれ、基本的には、業務を担当する従業員も固定されている。そのため新しく入社した従業員の飼養管理技術習得に対して範囲を限定した訓練が出来るため、求められる技術レベルに達するまでの期間短縮が可能となった。

また、福利厚生の充実のためには、週休二日制や有給休暇取得が可能な環境が重要となる。規模拡大によって、1 つの部門の専属人数が 3 ～ 5 名前後となり、交代で休日を取得することが比較的容易となった。

しかしながら、わずか 5 年間で約 20 倍の急激な規模拡大とそれに伴う従業員の人的資源管理は、誰も経験をしたことがなく、福利厚生の充実、労働環境への対応において手探りの状況が続いた。2008 年当時、現場においても、養豚生産の経験がある従業員は 2 割程度で、経験年数も短い者が殆どだったため、幹部的人材が不足し、様々な失敗から生産計画の達成に時間を要した。成績低迷が続く中、短期間での改善を図ろうと成果主義に解決を求め、取引先である大手企業の人事部からアドバイスを受け、2012 年に成果主義の人事評価制度を導入した（表 7－1）。しかしその結果は、2014 年から 2015 年にかけて、20 代の女性従業員を中心に大量の退職者を出し、売上高が減少することになった。そのような状況の中、経営幹部から問題点の改善を求める意見が噴出し、さらなる退職者を出しかねない危機的な状況に陥った。その後、幸いにして経営者と従業員が話し合いの場を継続的に持つことが出来、双方が協力して問題解決に取り組むこととなった。養豚生産では、交配から分娩へ、分娩から子豚育成、そして出荷へと、交配から出荷に至る高いレベルでの連携が求められるため、経営者と従業員そして従業員の相互理解と信頼関係が欠かせない。この事例からは、成果主義の人事評価制度は、個々人や自部門の評価を重要視するあまり、経営者と従業員、さらには部門を超えた従業員間の協力体制を阻害し、目標を共有できない状況となり、成績や収益を悪化させていたことが推察される。加えて、役職者育成や女性などの個々へのフォローアップも不十分であり、長期的な視野に立てていない制度導入であった。これらのことから、セブンフーズでは成果主義を見直し、人材育成を重視した施策に転換することになった。

この他に組織作りと人材育成を進める過程で、過去に実施し、現在廃止・変更している施策がある。例えば、「年２回の評価」は、農業生産現場の評価に最適ではないと判断し、年１回の評価に変更をした。また、「役職と等級連動型人事制度」は、制度の柔軟性や公平性に課題があると判断し、役職と等級を切り離した評価制度とした。「5段階評価法」は、評価点が３に集中したため、偶数評価にすることで個々人の違いを明確にできると考え、「10段階評価」への変更したことなどがある。

表7－1　セブンフーズ株式会社の経営展開と人的資源管理の変遷

年	経営展開の変遷	雇用管理・給与・労働環境	人材育成
2007	・養豚場規模：出荷頭数240頭	・人事制度なし ・月休6日＋リフレッシュ休暇年間5日	・現場でのOJTのみ
2008		・新卒の採用開始で雇用増 ・人事評価制度の導入 ・年1回の昇給制度	・コンサルティング獣医の指導 ・各種免許取得の支援 ・社内会議の定例化
2009	・飼料を自社工場にて製造開始	・従業員の大幅増員	
2010	・養豚場規模：出荷頭数22,000頭		
2011	・新養豚場のフル生産開始	・従業員の大幅増員	
2012	・養豚場規模：出荷頭数46,000頭	・成果主義の人事評価制度を導入	・5S活動の開始
2013		・基本給の引上げ	
2014	・野菜生産部門の開始：5ha ・養豚場規模：出荷頭数50,000頭	・従業員の退職増加 ・総合評価型人事制度の導入 ・ノー残業デーの導入	・国内視察・研修の推進
2015		・採用活動への従業員の参加 ・基本給の大幅引上げ	・役職従業員の1泊合宿開始
2016		・外国人技能実習生の入社	
2017	・野菜生産部門の規模拡大：15ha	・ワークライフバランス制度試験的導入 ・35歳以上の5年毎の人間ドック	・海外視察研修の推進
2018	・社内営繕部門の創設	・完全週休二日制の導入 ・ワークライフバランス制度導入 ・長期休暇取得支援	・全社員への1泊合宿開始
2019	・社内営繕部門の増員	・健康推進活動	・各種免許取得の推進
2020	・既存養豚場の生産能力拡充（増改築）	・中途採用者の雇用促進 ・特殊技術取得者雇用推進	・役職希望者選抜研修 ・現場改善案の募集と推進活動

資料：会社資料より作成。

（3）人材育成を重視した人的資源管理（2017年以降）

セブンフーズでは、人手不足が深刻化する中、従業員の長期定着対策の重要性を感じ、2017年以降、労働条件や福利厚生の改善に力を入れてきた。2017年に試験導入したワーク・ライフ・バランス制度では、育児及び介護等に特別の必要がある社員に対して、短時間正社員制度を適用した。本格導入前に運営上の課題を整理したところ、社内の公平性や利用者への教育、一般社員のための勉強会などの重要性が明らかになった。これらについて改善を図り、2018年度に本格的に導入した（表7－2）。2020年にはマタニティプログラムを独自に作成し、妊娠した従業員の業務内容を畜舎での作業から事務所での事務作業とするなど、勤務の継続が可能な環境を整備した[1)]。加えて、2018年度より完全週休二日制度を開始し、休日数を年間104日に大幅に増加させた。また、従業員に希望休暇週の意向調査を実施して、長期休暇取得支援に取り組んだ。

表7－2　セブンフーズ株式会社のマタニティプログラムと育児支援

	妊娠時	育児期
雇用形態（現況）	正社員	正社員
雇用形態（選択後）	正社員	短時間正社員
勤務時間	6～8H（選択可）	短時間
所属部署	本部	
制度	SFマタニティプログラム	WLB制度
選択時の前提条件および詳細説明	勤務時間や休憩時間を選択することが出来る	辞令により勤務場所が決まる。出社・退社時間は要望可。（会社と協議後に決定）
業務内容	業務の変更あり	
1回の取得期間の上限	出産するまで	3歳0ヶ月まで
社会保険適応	適応	社会保険のルールに準ずる
退職金共済	○	○
休憩	昼休憩のほか選択可能	6時間以上 / 昼休憩（60分）
給与	時間給（同一賃金）	月給（勤務時間・能力を考慮）
交通費	日割計算	日割計算
賞与	総勤務時間に比例	総勤務時間に比例
昇給		総勤務時間に比例
役職者の場合	一般社員	一般社員
辞令	○	○
事前面接（詳細説明）	○	○
その他		入社から4年未満の社員には適用されない

資料：会社資料より作成。

1）ワーク・ライフ・バランス制度には、マタニティプログラムは含まれておらず、条件に違いがある。例えば、①勤務年数条件が無い、②身分は正社員、③勤務時間や休憩時間の選択が可能などで、妊婦である利用者の状況に対応出来るように工夫している。

その他に人材育成には多くの予算を投入している。従業員の能力開発を図るために、社外教育として、中小企業大学校や日本養豚協会主催の養豚大学校プログラムの受講、各種セミナー、国内外の農場視察活動に積極的に参加させている。社内教育では、1泊2日の研修合宿を実施し（新型コロナウイルス感染症拡大の影響で2020年は中止）、研修合宿では、経営幹部が従業員と積極的なコミュニケーションを取り、信頼関係の構築を図っている。また、経営者自らが、それぞれの役職に合わせたメッセージを直接伝えることで、経営方針や経営理念に関して、従業員への浸透に努めている。さらに、専門分野に関しては、社外の専門家を招聘し、研修会を開催している。

2　アンケート調査からみる経営理念と組織文化との関係性

（1）経営理念を通じた組織文化の浸透

セブンフーズでは、経営理念として2010年に「日本の食を守る」、「次世代を担う農業界の人材育成に貢献する」、「セブンフーズ式農業を通じて環境保全および地域に貢献する」、「全社員の物心両面の幸福を追求する」の4つの理念を掲げ、これらに共感して入社を希望した従業員も多い。また、経営指針として「高い技術力で感動を生む商品を創造しよう」、「広く世界に目を向けオンリーワン企業を目指そう」、「仲間を信頼し、組織力を高めて最大限の力を発揮しよう」、「ルールを遵守し、健全な企業風土をつくろう」の4つの経営指針と「失敗を恐れず挑戦し、経験を成功へと繋げよう」、「知識と技術を身に着けプロフェッショナルになろう」、「陰口や馬鹿にした態度で仲間を傷つけないようにしよう」、「自分を支えてくれる人々に感謝し、奉仕の心で行動しよう」の4つの行動指針を定め、従業員への浸透を図っている。
具体的な方法としては、新卒従業員には内定式で経営理念（経営指針、行動指針を含む）に対する思いを伝え、入社式には一人ずつ経営理念を暗唱させている（中途採用者の場合は、入社3か月後に暗唱）。さらに、各農場では週1回全員での唱和、各種会議時の唱和を定めている。また、自社主催の研修では経営者自ら、経営理念をベースに「会社の求める社員像」や「社員として相応しくない言動」について分かりやすく説明したり、質問に答えたりしながら価値観の共有に努めている。これは経営者として経営理念を浸透させることで、従業員間で共通の意識、行動規範などの組織文化を作りあげる狙いもある。

（2）アンケート調査からみる関係性

次に、従業員に対するアンケート調査から、経営理念と組織文化の緊密性、戦略的人的資源管理と組織文化の緊密性について考察する。

1）経営理念、経営指針、行動指針に対する共感と実感

従業員に対する経営理念、経営指針、行動指針の浸透を把握するために、全従業員（正社員）に対して各項目への共感（どの程度共感していますか：５段階評価）、及び実感（私たちは実現できていると思いますか：５段階評価）の程度をみたものが図７−４である。経営理念、経営指針、行動指針別にみると、共感に関しては全項目において４以上の平均値となっており、会社の経営理念、行動指針に共感する傾向にあることが窺える。一方、実現できているかどうかをみると、全ての項目において、共感を下回る傾向にあり、実現できていない項目も多い。特に、共感との差の大きさに着目すると、経営理念の「次世代を担う農業界の人材育成に貢献する」、「全社員の物心両面の幸福を追求する」の項目に対する実感がやや低い状況にあり、実現に向けて課題があることが窺える。

2）従業員が考える今後５年間の重要項目

次に、従業員が考える今後５年間の重要項目について、５段階による評価をみたものが図７−５である。質問項目は、これまで掲げてきた経営理念、経営指針、行動指針を基礎とし、現在、会社で注力している施策やこれから重要となる可能性が高い項目を中心に経営者が選定した。

アンケート結果から従業員の関心が高い重要項目を整理し、これまで経営者が発信してきた経営方針と従業員の意識との整合性について把握する。

図７−５のように、従業員の関心が高い事項には、経営理念として含まれる項目がみられる。特に、平均値が４以上の中には、「人材の育成」「能力・技術力の向上」「地域との良好な関係」「組織力の向上」など経営理念からの

図７－４　従業員の経営理念の共感と実感

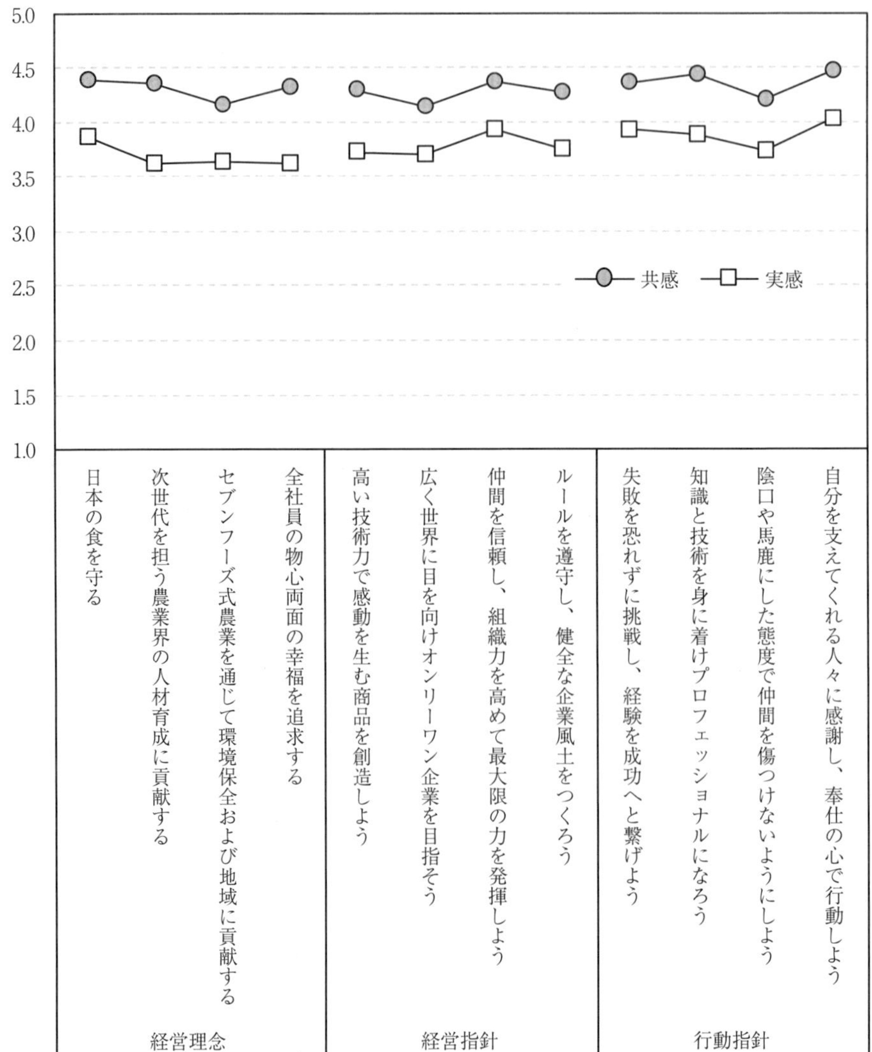

資料：セブンフーズ株式会社の従業員アンケート調査より作成。
注：１）「大変そう思う」を5，「ややそう思う」を4，「どちらともいえない」を3，「あまりそう思わない」を2，「全然思わない」を1として数値化し，平均したものである。以下の図7－5～図7－7も同様。
２）実感については，「私たちは実現できていると思いますか」という設問に対する回答である。

図７−５　従業員が考える重要事項

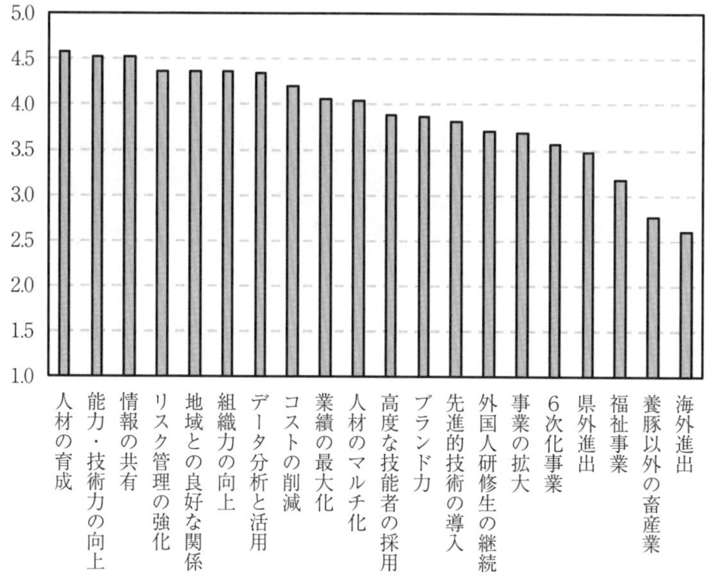

資料：図7−4と同じ。

影響を受けていると推察されるものが含まれている。これらの結果からは、従業員が重要と考える項目については経営者が発信してきた経営理念、経営指針との整合性が高く、緊密なものになっていると考えられる。セブンフーズで 2010 年に掲げられた経営理念、行動指針は、様々な企業活動や人的資源管理を通じて従業員へ浸透し、従業員に受け入れられている可能性が高いと考えられる。

3）従業員満足度からみる戦略的人的資源管理と組織文化との緊密性

次に、従業員の職務満足度から、セブンフーズが実施してきた戦略的人的資源管理への緊密性について把握する。セブンフーズでは、従業員の職務満足度調査について全従業員（正社員）を対象に無記名式で、2017 年以降毎年実施しており、職務満足度の結果を踏まえて、職場の労働環境の改善などを図ってきた。ここでは 2017 ～ 2020 年の職務満足度結果の推移をみることで、従業員の意識変化について捉える。図7−6から2017～2020年の従業員満足度の推移をみると、満足度が高まった項目に「休日」、「勤務時間」があり、2017年と比較して大幅に高まっている。これは完全週休二日制の実施などの効果によって満足度が上昇したと考えられる。また、「やりがい」に関しても高い満足度を維持しており、従業員の仕事の満足度は高いと考えられる。満足度が変わらない項目として「給与額」、「昇進公平性」など満足度が3.0程度の項目はあるものの、2017年から実施してきた人材育成を主軸とした人的資源管理が従業員に受容されていると考えられる。

図7−6　従業員の職務満足度の推移

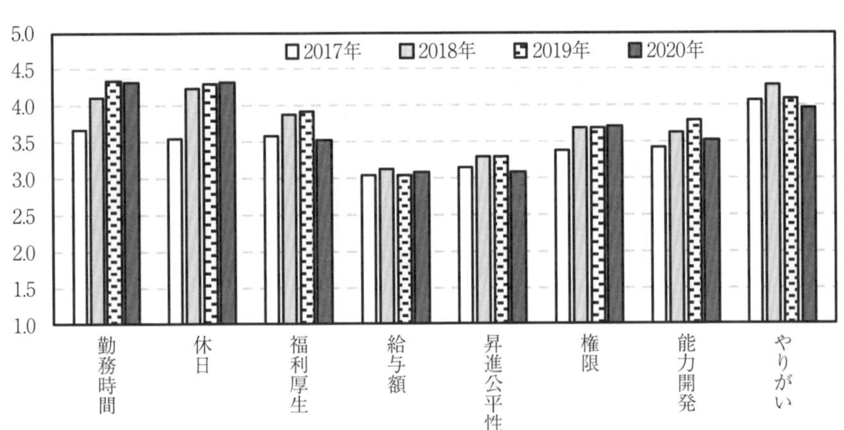

資料：従業員アンケート調査より作成。
注：権限は「あなたの能力や経験に見合ったポスト，権限が与えられていると思いますか」，能力開発は，「社内外の教育・研修など，会社の人材育成に満足していますか」という設問である。

4）組織コミットメントからみた緊密性

鈴木・服部（2019）によると、組織コミットメントは、組織と従業員との関わり方、関係性を示す概念として用いられており、組織コミットメントの3次元モデルでは、情緒的コミットメントと規範的コミットメント、継続的コミットメントがあるとされている。具体的には「組織側から強い組織文化や価値を打ち出すことが、従業員のコミットメント、とりわけ情緒的なコミットメントにつながり、それが結局、組織にとってよい成果を生む」（鈴木・服部、2019：p.228）ことを指摘している。

セブンフーズの従業員アンケート結果から、組織コミットメントに関する項目をみると（図７−７）、情緒的要素に関しては３項目の全てが3.7以上であり、他の要素と比較して高い傾向にある[2)]。「この会社の一員であることを

図７−７　従業員の組織コミットメント

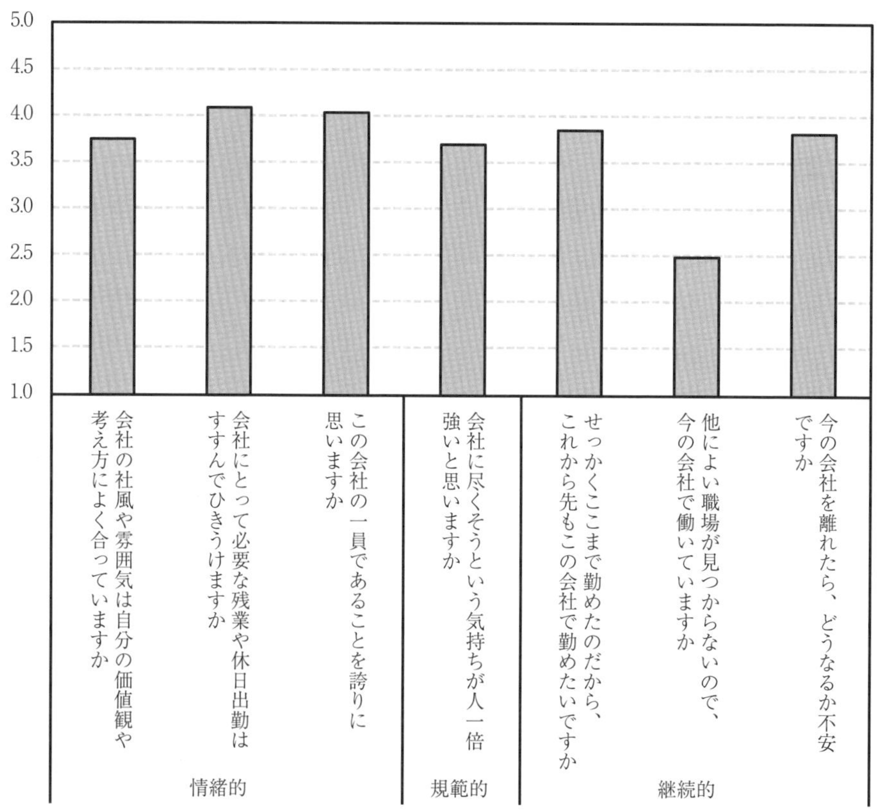

資料：従業員アンケート調査より作成。

2）組織コミットメントのアンケート項目に関しては、小林（2019）を参考にして項目を設定している。

誇りに思いますか」は4.0で従業員の会社への帰属意識が高いことが窺われる。また、組織文化との関係がある「会社の社風や雰囲気は自分の価値観や考え方によく合っていますか」の設問に対しても3.7となり、従業員は組織文化を肯定的に捉えていると考えられる。一方、継続的要素の「他によい職場が見つからないので、今の会社で働いていますか」という設問に関しては2.5と低く、否定的に捉える傾向にある。服部（2020）によると、「組織にとって有益な成員を定着させるためには、情緒的コミットメントと規範的コミットメントを高めつつ、継続的コミットメントをいかに抑えるかが重要」との示唆がある。本アンケートの結果は、組織コミットメントの視点からみて、有益な従業員の定着を促す緊密な関係が醸成されていることを示している。

5）企業業績との関係

次にセブンフーズの企業業績との関係性についてみる。2013年以降のセブンフーズの総枝肉重量、総労働時間、売上高の推移をみたものが図7−8である。最初に総枝肉重量についてみると、戦略的人的資源管理を人材育成重視に転換した2017年以降、総枝肉重量が増加している。2017年が3,571tであるのに対し、2019年は4,161tと116％増加している。また、社内の総労働時間をみると、2017年以降、完全週休二日制度の導入などにより、2017年の19.8万時間から2019年には17.1万時間へと18％減少した。その結果、労働時間1時間当たり枝肉重量は、18kgから24kgに増加し、労働生産性が約1.3倍に向上した。2017年以降、労働生産性が向上した要因としては、従業員自らが失敗を恐れずに作業体系の見直しを図り、職場の作業改善を図ったことなどが影響していると考えられる。売上高に関しては2017年の20.4億円から2019年には20.6億円とわずかであるが増加している。また、労働時間が減少したことで人件費などのコスト削減が可能になり、企業業績にプラスの影響があったことが推察される。

図7－8　枝肉生産重量と総労働時間の推移

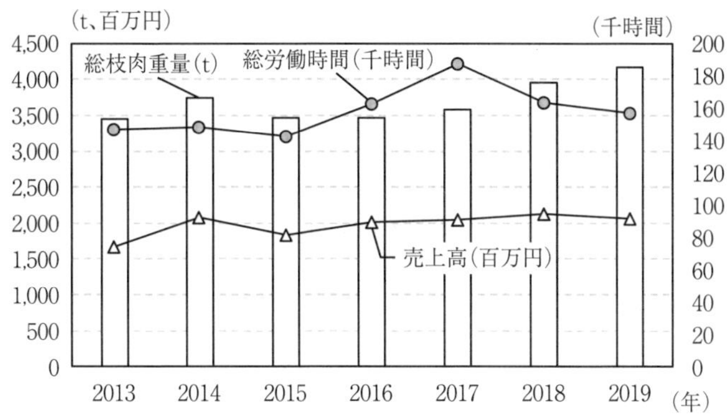

資料：セブンフーズ株式会社の経営データより作成。
注：2017年に完全週休二日制を導入する際，従業員を増やしたが，2018年以降は採用を抑えている。

6）地域社会への対応

大規模養豚法人などの農業法人においては、経営展開を図るために、地域社会、地域文化への対応が必要になる。特にセブンフーズが立地する場所は、農村部ではあるものの、町役場、駅、ショッピングセンターなどの市街地にも近い。農場周辺には工業団地が隣接するなど、農業以外の産業も盛んな地域である。そのような地域で養豚経営を規模拡大していくためには、地域社会と協力関係を結ぶことが不可欠となる。

セブンフーズにおける地域への年間活動をみたものが表7−3である。各農場がある地区の清掃活動には全従業員が参加し、地域の祭りにも全従業員が参加している[3)]。祭りへの農畜産物などの材料提供、景品提供も積極的に行っており、地域社会のイベントへの参加も欠かすことはない。区費の支払いに関しても通常の2～3倍を支払うなど、地域社会に貢献するように努めている。また、10年前は4地区で行っていた地域活動も現在では8地区ま

3）セブンフーズでは、地域貢献活動への参加は、以前は経営幹部が中心であったが、2017年から、全従業員が地区の清掃活動、地域の祭りに参加するように義務付けている。

で広がってきており、高齢化の中にあって地域からの期待も年々高まっている。最近では自治会から感謝状が贈られるなど、信頼関係が深まっていることが推察される。

表7－3　セブンフーズ株式会社における地域活動

項　　目	備　　考
区役（清掃作業）	全従業員が参加
地域の祭りへの参加	全従業員が参加
農育食育活動	希望者が参加
区費の支払い	通常の２～３倍の区費の支払い
消防団へ支援	夜警の際への差し入れ
地元施設への寄付	公民館等への寄付金
祭りへの景品提供	材料、ゲーム用の景品を提供
年度初めの挨拶	各区の新年度の寄合にはお祝いを配る
年末のお歳暮配り	地元役員や周辺地権者にお歳暮を配る

資料：会社資料より作成。

このような地域活動以外にも、新たな事業開始の際には、地元説明会を実施し、地域住民や行政と「環境保全協定書」を締結し、相互の信頼関係の構築を図っている。さらに食べ物の大切さや農業への関心を高めることを目的としてキャベツ、サツマイモなどの露地野菜の収穫体験や自社で生産した肉や野菜を食べて親交を深める活動を続けている[4)]。また、学生のインターン受入れを積極的に行っており、次世代への農業界の人材育成に繋がる活動にも取り組んでいる。これらの活動は会社の業績には直接的な影響はないものの、「地域への貢献」は経営理念の一部となっており、地域活動は従業員の考え方にも影響を与えている。前掲図7－5に示すように、「地域との良好な関係」については従業員も重要と考えている。さらに2016年に起きた熊本震災は、リスク管理だけではなく、従業員間の信頼関係や地域連携の重要性の認識に繋がったと思われる。これらの点から組織文化としても「地域への貢献」が重視されていることが推測される。

4）セブンフーズでは、今後、野菜や果樹の収穫・加工体験、家畜の飼育体験、１泊農育体験など食育活動を充実させていく計画を立てている。

以上のことからは、セブンフーズの場合、経営理念、行動指針の浸透を図りつつ、特に2017年以降は、人材育成の重視、地域への貢献という組織文化に寄り添った施策を実施することで、組織コミットメントを高め、従業員の企業貢献意欲を引き出したと考えられる。そのことで企業業績が改善し、従業員の賞与や報奨金を増額させることが可能になり、人材の定着について好循環が回り出している状況にある。

Ⅳ　おわりに

農業の規模拡大が進む中、農業法人においても従業員を多数雇用する経営が増加しており、戦略的人的資源管理の必要性が高まっている。本章は、戦略的人的資源管理が組織文化と緊密な関係を維持することができれば、持続的競争優位の源泉となり、最終的に企業業績の向上に繋がるという仮説のもと、セブンフーズの戦略的人的資源管理と組織文化の関係について考察した。

セブンフーズの従業員を対象とした各種アンケート調査からは、従業員に経営理念が浸透しつつあり、人材育成、個々の能力向上を重視する組織文化の醸成が進みつつある。従業員の組織コミットメントも高く、経営にとって有益な人材が定着することで、持続的競争優位の源泉が蓄積されていることが推察される。また、農業の場合、特に重要となる地域との関係においても、「地域への貢献」という組織文化が醸成され、従業員からも支持されていることが窺える。その結果、企業業績をみると、2017年以降に関しては、労働時間を削減する一方で出荷量は増加させており、従業員の労働条件の改善により、経営が改善しうる可能性があることを提示している。

以上の結果は、他の農業法人においても、戦略的人的資源管理と組織文化が緊密な関係を結ぶことによって、人材の定着を促し、持続的競争優位が確立できる可能性があることを示している。組織文化は、組織の構成員が共有する「価値観・行動規範・信念の集合体」であり、経営者が制御することは難しいが、経営理念、行動指針などを通じて構成員に働きかけることは可能である。組織文化が経営戦略や人的資源管理と密接に繋がることにより、従業員の組織コミットメントやモチベーションが高められ、結果として業績が向上することが期待される。農業分野においては、現段階では組織文化に対する関心は低いものの、経営者が経営理念などをもとに、従業員の納得を求めつつ、組織文化の形成に大きな努力を払うことが重要ではないかと考えられる。

引用文献

服部泰宏（2020）『組織行動論の考え方・使い方－良質のエビデンスを手にするために－』有斐閣：208-209.

伊丹敬之・加護野忠男（1989）『ゼミナール経営学入門』日本経済新聞出版社.

小林裕（2019）『戦略的人的資源管理の理論と実証－人材マネジメントは企業業績を高めるか－』文眞堂：162

小原久美子（2014）『経営学における組織文化論の位置づけとその理論的展開』白桃書房.

信川景子（2016）「人的資源管理と組織文化の関係性」星稜論苑（45）：1-16.

鈴木竜太・服部泰宏（2019）『組織行動：組織の中の人間行動を探る』有斐閣：222.

Taylor, F.W. (1911) The Principles of Scientific Management, New York.

Wright, P.M. and McMahan, G.C. (1992) Theoretical Perspectives for Strategic Human Resource Management, Journal of Management, 18 (2):295-320.

第８章　集落営農法人にみる組織文化形成と経営戦略 —集落営農広域連携に着目して—

井上　憲一

１　はじめに

わが国の土地利用型農業における各種の協業組織は、集落の「結い」「手間替え」をはじめとする伝統的な慣行の基盤となる地縁組織であり、第一次大戦以降、「制度化された農業経営政策」（以下、農業政策）の検討課題でもあり続けた（大槻、1961；楠本、2010）。この観点から、集落営農組織[1]は、自治村落における農村協同組合（齋藤、1989）の主要な一形態として、わが国の水田地帯に長く存在し、機能し続けてきた、といえる。一方、農業経営の経営戦略と密接不可分の関係にある「ビジネス・ポリシーとしての農業経営政策」[2]は、変革の中にあり続けてきた。近年では、中山間地域の集落を中心に基層社会の変容が進むなか、農業経営主体の自主活動による農業経営政策の重要性が一層高まっている。農業政策の継続的な支援もあり、土地利用型農業経営において、近年、集落営農組織の存在感が高まっている（農林水産省、2021）。集落営農組織の中でも、法人格（農事組合法人、会社法人）を有する集落営農法人は、雇用創出や六次産業化の展開（藤栄、2020）はもとより、小規模集落での地域貢献活動（井上・倉岡、2014；井上、2021）においても重要な役割を果たしている。集落営農法人は、家族経営群の一部の生産部門を補完する中間組織体（髙橋、1973）[3]から、全部共同による自律した農業経営体、

1）本論では、「地域（１～複数集落）を基礎に、農業生産の部分～全部協業を行う組織」（井上、2021）とし、任意組織と法人の両者を含む。

2）本来は、「農業経営の内部構成者（農業者およびその組織）がその経営目的にそって、その外部条件を内部化しつつ、自らの経営活動の自由な範囲を自主的に拡大してゆく体系的な戦略」（金沢、1985：p.283）を指す。

3）経営変革論からの整理は小林（2020）に詳しい。

複数の集落営農組織が出資する3階建て法人（以下、集落営農広域連携法人）[4)]まで、多岐にわたる。これら多様な集落営農法人を「地域（集落）を基礎にした協業経営」という経営形態の側面からみると、土地利用型農業における協業経営（部分的共同経営）の重要性が指摘され（大槻、1961）、生活結合の論理[5)]に基づいた地域資源利用・管理（永田、1988；安藤、1996）、女性農業者の活躍の場（秋津、2012）、社会貢献型事業（伊庭ら、2016）、事業多角化（小川・八木、2020）の担い手としても評価されてきた。その一方で、農村生活者の視点からみた全部共同経営の運営困難性（大槻、1961）、リーダー層と構成員層との合意形成の困難性（伊藤、1992；西村、2004；内田・北村、1995；伊庭、2012）、組織再編におけるインフルエンス・コスト（伊庭、2005）、条件不利圃場管理をめぐる地権者との調整（八木・大呂、2006）、農業政策の「受け皿」としての脆弱性（山下、2008；森本、2012）[6)]、法人経営の後継者の確保・育成の課題（楠本、2010；今井、2014；久保、2014；久保ら、2016）、家族・同族企業経営（新山、1997）と比較した作業ユニットの生産性の相対的低位（八木・藤井、2016）などが指摘されてきた。経営環境のさらなる変化が予想されるなか、集落世帯の一部の生産部門を分集合立せしめた協同から、経営地を挙げた全部共同まで[7)]、集落営農法人の多様な展開には、経営環境の変化に加えて、基層社会の変容が影響しているものと考える。そして、集落という基層社会をベースとする集落営農法人において、組織文化は、地域の個性に規定され、経営戦略、経営形態、および経営理念に大きな影響を及ぼしていることが想定される[8)]。さらに近年は、担い手不足や住民ニーズの多様化など、

4）楠本（2010）、今井（2013）、今井（2017）、山本・竹山（2017）、小林（2020）に詳しい。

5）「もの」の再生産と「人間」の再生産の両過程を結合する論理（永田、1988）。

6）集落営農法人の草分けの糸賀盛人氏は、この点と、農村生活者の内発に基づいた哲学の重要性を指摘している（季刊地域編集部、2012）。

7）協同と共同、協業経営と共同経営に関しては大槻（1961）に詳しい。

8）伝統的家族経営は、ファミリー・サイクルや家計の中身が異なれば、個別の経営部門に課される具体的な目標も異なり、採用される方法も異なる（中島、1957）。全部共同経営の運営困難性（大槻、1961）からも明らかなように、地域の多様なステークホルダーに依拠する集落営農法人は、この傾向がさらに強化され、組織文化形成の難易度も一層高まるであろう。

基層社会の変容が急速に進展し、それへの対応として複数の集落営農法人が広域連携してより大きな「地域」のフレーム（枠）を設定し、単独集落ではなしえなかった各種の組織活動が展開されつつある（楠本、2010；山本・竹山、2017；小林、2020）。このような新たな動きにおいても、構成法人間の組織文化の共有と発展は重要な課題といえよう。

一般経営学においては、経営戦略を検討するうえで、組織文化[9]との関係性を解明する重要性が指摘され、組織文化の経営成果に及ぼす効果については、カヴァー法則モデルの変数システム観（沼上、2000）に基づいた定量的研究が進展し、成果につながる望ましい組織文化の像が明らかにされつつある（北居、2014）。その一方で、経営戦略の検証においては、行為システム観によるメカニズム解明の重要性が指摘され（沼上、2009）、組織文化の検証においては、エスノグラフィーなど質的研究の重要性（若林・野口、2020）が指摘されている[10]。

農業経営学においては、経営戦略に関する研究蓄積が進みつつある（八木、2018）一方、組織文化というタームに基づいた分析は、鈴村（2021）、前田ら（2021）、北中・坂本（2021）が先鞭を付けた段階である。ただし、農業経営構造を丹念に読み解いてきたこれまでの農業経営学では、組織文化というタームは用いずとも、集落営農法人の組織文化に関係する既往研究は少なくない（井上（2021）参照）。集落営農法人の組織文化と経営戦略の関係性を明らかにすることは、「生活の場としての農村」（八木、2009：p.154）の「当事者である住民・農業者」（柳村、2019：p.68）を起点に地域農業のマネジメントを検討するうえでも重要な示唆が得られるであろう。

本論では、長年にわたり集落営農が実践されている島根県下の取り組みを

9）伊丹・加護野（2003）では、組織のメンバーが共有するものの考え方、ものの見方、感じ方を指し、組織のメンバーみんなのものであり、目に見えない情報的経営資源を構成するものとされる。農業経営を念頭に置いた学術的な整理については伊庭（2020）、若林・野口（2020）、堀田・伊庭（2021）、組織アイデンティティとの違いについては佐藤（2013）、組織風土との違いについては北居（2014）に詳しい。

10）北居（2014）は、組織文化研究の理論的背景である機能主義と社会構築主義のうち、組織文化形成のメカニズム解明では、社会構築主義に基づくことの重要性を指摘している。

もとに、集落営農法人にみる組織文化形成と経営戦略について検討する。以下では、①集落営農法人の組織文化形成と経営戦略の分析枠組みを提示したうえで、②生活の場としての「地域」に基づいた分析視角を整理し、③集落営農広域連携による「地域」のフレーム（枠）拡大の事例をもとに、基層社会の変容への対応を検討する。

2　分析枠組み

（1）組織文化形成と地域個性

集落営農法人の組織文化形成に着目するうえで、本論では「生活結合型地域営農集団」（安藤、1996）の分析フレームワークの基礎となった「地域個性」（永田、1989；金沢、2004）をもとにする。地域個性は、自然的個性、歴史的個性、および構造的個性からなり（永田、1989）、民俗学の「村がら」とおおむね同義と考えられる。集落住民の人柄や地域運営組織をはじめとする各種のネットワーク組織の個性は、最上層の構造的個性に含まれる。

農業経営の環境論的把握（渡辺、1976；高橋、2014）に基づいて、組織文化を「連結ピン」に、集落営農法人のマネジメントと地域個性の関係をみたのが図8−1である。村落機能（渡辺、1976）は組織文化と地域個性の相互規定の役割を果たし、生活結合の論理をはじめとするさまざまな二元性（金沢、1999）が関係するものと捉える。

（2）組織文化形成に関係する二元性

集落営農法人の組織文化形成に関係する二元性を整理したのが図8−2である。図の左側と右側は、必ずしも同じ属性グループを意味していない。個（個人、世帯）のレベルから社会（集落内外）のレベルに至るまで、多くの判断基準の軸が存在し、組織文化形成のプロセスに応じて生じ、変化し、さらには複数の二元性が相互に関係することが想定される。

金沢（1999）は、共同体に内在する固有の二元性が、生産力に道筋をつける役割を持つ一方で、生産力が進むに及んでゲマインシャフト的な側面とゲ

図8－1　集落営農法人のマネジメントと地域個性

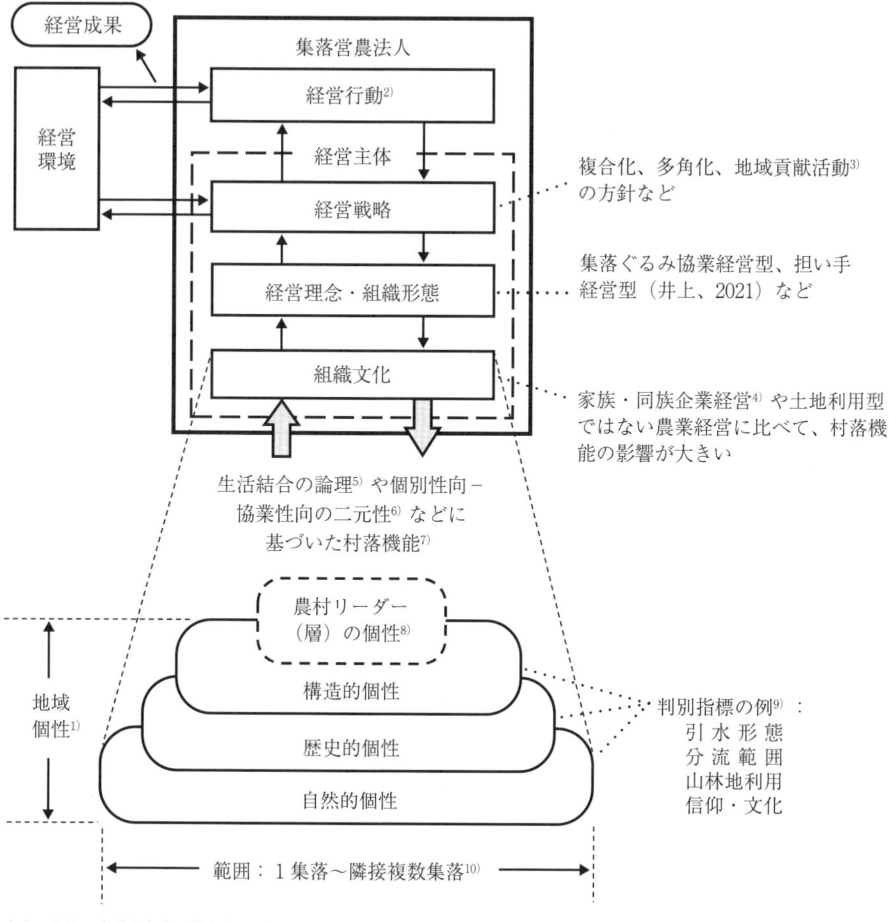

出典：脚注の文献を参考に筆者作成（井上、2021）。

注：1）永田（1989）、金沢（2004）参照。

2）経営行動を媒介とした、経営主体、経営環境、経営成果の関係性については、髙橋（2014）の「主体－環境系」論に基づいている。

3）個々の集落住民の農業継続と日常生活への貢献を主目的とし、組織の収益性向上を主目的としない活動（井上ら、2016）。島根県が定義する地域貢献活動（農地・経済・生活・人材の維持）については、楠本（2010）、竹山・山本（2013）、今井（2017）、島根県（2022）に詳しい。

4）新山（1997）参照。

5）「もの」の再生産と「人間」の再生産の両過程を結合する論理（永田、1988）。

6）金沢（1999）参照。

7）渡辺（1976）参照。村落機能が農業経営群（協業組織）の展開に及ぼす影響は長（1978）の分析に詳しい。

8）構造的個性とのオーバーラップは、農村リーダー（層）の個性の一部が構造的個性を規定することを表している。

9）山下（2008）参照。

10）集落営農広域連携法人はこの限りではない。

図８－２　集落営農法人の組織文化に関係する二元性

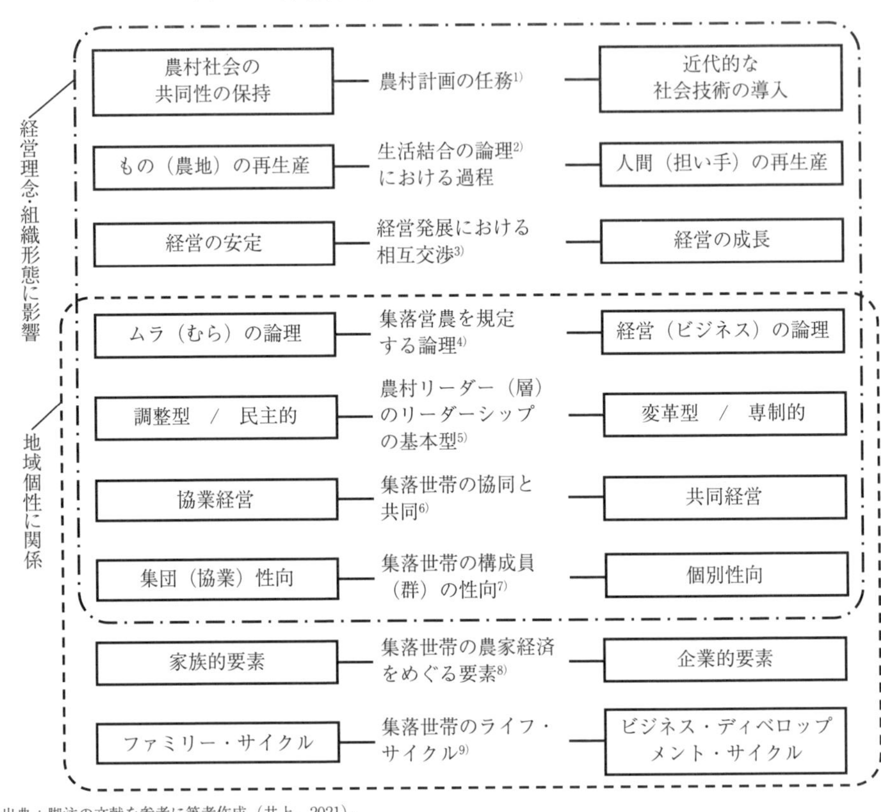

出典：脚注の文献を参考に筆者作成（井上、2021)。

注：1）馬場（1955a）参照。

2）ふたつの再生産の過程を結合する論理（永田､1988)。同論理の地域営農集団への適用については安藤（1996）に詳しい。楠本（2010）は集落営農を、①地域環境の維持・保全、②生産活動、③暮らしの協同、の再生産を担う「社会的協同経営体」と捉えている。

3）稲本（2003）参照。

4）平塚（1992)､伊庭（2005）参照。竹中（1981）は､集落原理（非市場メカニズム)､経済原理（市場メカニズム）と表現し、両者の接点にあってさまざまな機能と役割を担うことを集落機能の最大の特質と捉えている。

5）調整型・変革型は伊丹・加護野（2003）を、K・レヴィンによる民主的・専制的の一集落での検証は内田・北村（1995）を参照。内田・北村（1995）は、集落営農法人の代表でもある農村リーダーの民主的と専制的の「巧みな使い分け」について詳細に分析している。調整と民主、変革と専制がそれぞれ同義ではない点に注意されたい。

6）大槻（1961）参照。ここでの協業経営は、集落世帯の一部の生産部門を分集合立せしめて単一の独立経営として協同で経営するケースを、共同経営は、集落世帯が経営地を挙げて全部共同で経営するケースを指す。中間組織体（髙橋、1973）としての集落営農法人は前者に位置付けうるであろう。なお、大槻（1961）は、協業経営を、第一次大戦後に政策的に奨励された「部分的共同経営」とほぼ同一、と指摘している。

7）金沢（1999)、髙橋（2014）参照。

8）佐藤・納口（2018）参照。

9）Gasson and Errington（1993）p.143 参照。

10）図中の各種の二元性は、「対抗的な関係」（金沢、1999）のみならず、相補的ないし補完的な関係も想定できる（竹山・山本（2013)、井上ら（2016）参照)。

ゼルシャフト的な側面の乖離が生じ、亀裂を生ぜしめる方向にも作用するとしている。集落営農をめぐる今日的課題として提起されている「集落営農のジレンマ」（伊庭、2012）も、この作用の一側面であろう。金沢（1999）も指摘するように、共同体であるからこそ、このような「内在的な矛盾」が存在する。一方、集落営農を代表する二元性である「集落原理（非市場メカニズム）－経済原理（市場メカニズム）」（竹中、1981）ないし「ムラの論理－経営の論理」（平塚、1992；伊庭、2005）を調整し、相補的な関係性を実現している実態も明らかにされつつある。例えば、竹山・山本（2013）や井上ら（2016）は、集落営農組織の地域貢献活動と収益性の水準が正の相関関係にあることを明らかにしている。地域貢献と収益性確保が「内在的な矛盾」である一方、両者をオーバーラップさせて相補的な関係性に昇華させている実態は、集落という基層社会をベースとする集落営農が有する舵取りの難しさの一側面であり、なおかつ強みの一側面ともいえる。

（3）集落をベースとした多様な組織活動

かつて中島（1957）は、伝統的家族経営（新山、1997）の経営目標において、家計を含む農家経済の効用最大化と、農家経済の「部分」である農業経営の利益（所得）最大化とが必ずしも一致しない点[11)]をもって、農業経営学（当時）から「農家経済学」への転換（発展）を提唱した。集落営農法人（農事組合法人、会社法人）は、財務面にのみ着目すると、家計と経営が完全に分離している点で、中島（1957）の指摘は当たらない。近年の国の農業政策も、集落営農法人を土地利用型農業の中核的担い手として捉える（加藤、2020）一方、生活（家計）にかかわる国の農村政策では、特段の言及はみられない。しかし、稲作法人経営において家族経営的性格が法人化以降も持続する実態（堀田、2014）に加えて、集落世帯の地縁・血縁を基礎に設立・運営される集落営農法人は、複数の集落世帯員で構成され、家産でもあり集落の心象風景の

11）村落共同体や農業・農村政策の文脈からも、この点に関連する課題提起がなされてきた。例えば、村田・乗本（1978）、多辺田（1987）、山下（2008）、徳野（2015）参照。

基礎をなす農林地の管理・保全を託され、ケースによって個々の家族経営の補完的な役割も託される。つまり、集落営農法人は、経営目標において、「集落の農家経済群の効用最大化」と「法人経営の利益の長期的確保」を調整する必要があり[12)]、法人の経営発展に応じて、経営目標における地域貢献性のウエイトが高まる傾向にあることが指摘できる[13)]。学界では、集落営農の経営戦略における地域貢献性について、集落機能（竹中、1981）、生活結合（永田、1988；藤光、1991；安藤、1996）、ムラの論理と経営の論理（平塚、1992）、水田農業構造再編（安藤、2008）、地方自治体の農業政策による支援（楠本、2010；今井、2013）、地域再生（今井、2013）、社会貢献型事業（伊庭ら、2016）などの観点から議論が重ねられてきた。前出の危機対応、政策対応のいずれのケースにおいても、集落営農法人の組織文化と経営戦略を検討するうえで、地域貢献性に関する分析枠組みが不可欠であるといえよう。

図８−３は、集落営農法人における多様な組織活動の模式図である。危機対応と政策対応、集落ぐるみ協業経営型と担い手経営型（井上、2021）、中山間地域と平坦地域にかかわらず、集落世帯群の共益の維持・拡大を目標に掲げる必要がある点において、集落営農法人は少なからず地域貢献性に規定される[14)]。図に示すように、地域貢献を実現する組織活動（地域貢献活動）は、農業事業活動（領域B）、左記以外の営利活動（領域C）、および非営利活動（領域D）に大別される。ここで注意すべきは、利益の追求と地域貢献の追求とが少なからずオーバーラップする点であり、このオーバーラップ（図中の２

12）合理的な調整の一制約要因に、前出の「集落営農のジレンマ」（伊庭、2012）が挙げられる。

13）井上ら（2016）は、集落営農組織の経過年数と各種の地域貢献活動との間に正の相関関係があることを明らかにしている。

14）2020年６月に島根県農業経営課が県内240集落営農法人に対して実施したアンケート調査結果（回答数185、回答率77％）では、法人の将来像の１位を「集落内農地の維持」と回答した割合は65％にのぼる。

実線円の重なり）が大きいほど[15)]、経営理念との整合性においても、法人経営の永続性・安定性においても、より多くの協調者を早期に確保しやすいという点において[16)]、望ましいといえるであろう。そして、この点は、前出の「ムラの論理－経営の論理」の二元性はもとより、組織文化のありようが大きく関与すると考えられる。

図８－３　集落営農法人における多様な組織活動

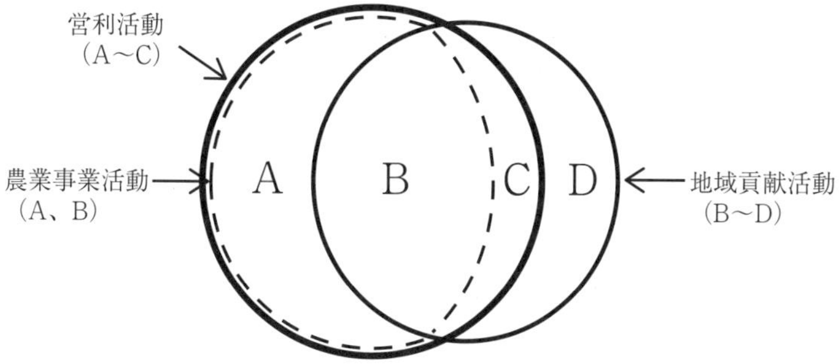

営利活動
（A～C）
農業事業活動
（A、B）
A　B　C　D
地域貢献活動
（B～D）

〔各活動の例〕
A：収益性追求型（強み×機会）の農業事業活動
B：ソバの栽培や牛の放牧（遊休農林地の解消）
　水管理や畦畔管理を住民に委託（集落内に仕事を創出）
　機械作業の受託（高齢者の農業継続をサポート）
　農業技術の継承（高齢者の生きがい、青壮年の学びの場）
C：社会サービス事業*（生活の質の維持・向上）
D：UIターンの受け皿（集落人口減少の止揚）
　集落行事や都市農村交流行事の開催（にぎわいを創出）

出典：井上ら（2016）の図、今井（2012）、今井（2013）、倉岡・井上（2013）、竹山・山本（2013）、伊庭・坂本（2014）、井上・倉岡（2014）、井上ら（2018）を参考に筆者作成（井上、2021）。
注：*高齢住民への外出支援サービス（今井、2012）など。

15）仮に、カヴァー法則モデルの変数システム観（沼上、2000）に基づいた競合価値フレームワーク（competing values framework: CVF）の測定によるのであれば、内部重視と調和に関するポイントが相対的に高い傾向にあることが推察される。
16）外部性を前提とした、協調者数と協調による利得のモデルについては草苅（2020）に詳しい。

3　生活の場としての「地域」に基づいた分析視角

（1）分析視角としての「地域性」

生活の場としての「地域」の個性である「地域個性」を検討するのに際し、ここでは、より大きな地理的枠組みを含む用語として一般に用いられてきた「地域性」の観点から、「地域」に基づいた分析視角を整理したい。

農村社会学では、東日本と西日本の農村の地域性について長年議論がなされてきた。農業経営学においても、かつての東北地方での農業政策において、男子青年労働力をとどめるための複合化計画が冬季の積雪と他就業機会が少ないという東北地方の地域性に基づくという指摘（金澤、1984）をはじめ、議論がなされてきた。なかでも、地域営農研究において「地縁のもつ結合力」や「土地の持つ連帯性」や「ホームプレイスとしての地域の意味」に立ちかえる必要がある、との金沢（2004）の指摘は重い。加えて、集落営農のように他者との協業を検討するうえでは、経営者とステークホルダーの人柄にも着目する必要があろう。東日本と西日本の生産者・農村生活者の人柄を知るうえで、当事者の手による星・山下（1981）の往復書簡が参考になる。本書から、地域での協業に対する考え方やスタンスの違いを、地域性の差異を通して類推することができ、「東北と九州という風土の違い＜中略＞が人々の思考や気質や生きざまに、ずいぶん深くかかわっている」（星寛治氏、p.236）ことが理解できる。学界では、福武（1949）の東北型農村と西南型農村を対比した先駆的な研究をはじめ、農村の地域性について検討が重ねられてきた（安達、1985）。近年では、島根県と宮城県の農村社会における集落営農の実態と県レベルの地域性（柳村、2017;今井、2017;小内、2017）や、北海道の「農事組合型村落」の再編と変容（柳村、2019）について議論されている。また、山口県の「地域ぐるみ型」と山形県の「少数生産者組織型」の比較も試みられている（田代、2020）。

一方、山下（2008）は、中国中山間地域7地区の地域営農・生活組織の詳細な実態分析を通して、同一県内・同一村内においても、「多様でありながら共存し得る村の個性」である「村がら」が、単なる「村の個性」ではなく、「生きて実践する農村生活者という主体による組織的対応の姿そのもの」(p.182) であることを論証したうえで、同一県内・同一村内においても、多様な「村がら」による多様な地域営農・生活組織の特徴が示されている。また、前出の星・山下（1981）の中で、星寛治氏は、山下惣一氏との１年間にわたる往復書簡を通じて、「私たちは日本の農民であるという、まぎれもなく共通の土壌の上に生きている。風土のもたらす差異よりも、共通の基盤、共通の課題の方がはるかに重く、大きいことを認識せずにはおれなかった」と述懐したうえで、「農民としての主体性」を、「農業をどうする」という課題の中心に据えることの重要性を指摘する（pp.236-237)。これらの議論から、集落の地域性が、「大字や小字で異なる一方で、広く日本国内の他所とも共通する要素をもつ」（山下、2008：p.145）ことを改めて確認することができる。集落営農をめぐる地域性、ひいては集落営農法人の組織文化を規定する地域個性に接近する際には、「東日本＜対＞西日本」に代表されるマクロの視点はもとより、「大字小字」のミクロの視点（集落立地構造；小田切・坂本、2004)、なにより、「大字小字」内の個々の農村生活者の視点[17]が求められるといえよう。

（2）基層社会としての集落

近年、担い手不足や住民ニーズの多様化など、基層社会の変容が急速に進展し、それへの対応として複数の集落営農法人が集落営農広域連携法人を別途設立し、より大きな「地域」のフレーム（枠）を設定し、単独集落ではなしえなかった各種の組織活動が展開されつつある。そこで次に、「地域個性」の地理的な最小単位としての集落に着目して、基層社会としての集落の変容と「地域」のフレーム（枠）を拡大する主体的実践の歴史について若干整理したい。

明治期、集落営農組織の原型である農家小組合が全国各地の集落で組織され（1928 年の農林省調査では 157,439 組合)、国の農業政策の推進課題として

17）土地感（渡辺、1976)、内空間（村田、1978)、場所愛（三田村、2014）など。

最初に大きく取り上げられたのは、昭和恐慌を契機とした農山漁村経済更生計画樹立実行運動（農林省訓令1932年10月；以下、同運動）である（馬場、1955b；福武、1964；楠本、2010）。同運動は、集落の隣保共助と倹約の精神を生かし、農事実行組合（集落営農法人の原型）や産業組合など集落～行政村での協業組織化を通じて農村の経済活動と福利厚生の更生を図る取り組みであった。同運動では、全国の農山漁村の中から計画樹立村が選出され、経済更生計画（以下、同計画）が住民組織によって作られた。同運動は、戦後、制度としての課題が指摘される一方、経営改善に一定の効果が認められている（馬場、1955b；神門、1995；有本、2010）。

農村生活者の目線で執筆された同計画の中には、戦後、現代の住民に継承され、本論の課題に照らしても示唆に富むものがみられる。島根県西部の山村、鹿足郡柿木村（2005年から吉賀町の一部）では、同運動の訓令の以前から、産業と生活の和協（わきょう）の実現について、村民主体で検討が進められており、計画樹立村に選出されるにあたり、さらに1年間をかけて村民による話し合いが続けられ、1933年に村民の手による農村経済更生計画（鹿足郡柿木村、1933；以下、本計画）が完成した。本計画の序文では多品目生産・消費の自給自足を基盤とした「生産厚生本位」のポリシーが明確に謳われ、集落営農法人の組織文化と経営戦略の一原型はもとより、「新しい小農層としての戦略」（秋津、2019：p.201）との共通点を読み取ることができる。柿木村では、その後長年にわたり、さまざまな生産・加工・販売の協業組織、協業経営が、集落の垣根を大きく超え、村域で連携しつつ活動を展開している（福原・井上、2013；尾島ら、2013；Inoue、2020）。「地勢、不便ナリト雖モ村内ノ気風相一致シ質朴ニシテ常ニ團結鞏固ナリ」（鹿足郡柿木村、1933：p.11）という村民の気質のもと、1933年に掲げられた「生産厚生本位」の組織文化が、現在の協業組織、協業経営にも継承されている（井上（2021）参照）。加えて、戦後の高度経済成長を経た島根県内では、島根県農協中央会が、地域社会の変容を受けて1976年に取りまとめた「イナカ再建運動」（村田・乗本、1978）に、集落や村の垣根を大きく超えた組織文化形成の試みを読み取ることができる（Inoue（2020）参照）。筆者は、基層社会の変容を起点としたこれらの主体的実践の歴史が、現代の集落営農広域連携（機械・作業員の融通や集落営農広域連携法人の設立など）による「地域」のフレーム（枠）を主体的に拡大する実践[18]にも連なっていると考える。

４　「地域」のフレーム拡大に関する事例分析

次に本節では、島根県西部の中山間地域に位置するＴ町において、町内の 13 集落営農法人からなる集落営農広域連携法人を事例に、「地域」のフレーム拡大のもとでの経営戦略と組織文化形成について検討する。

（１）法人設立までの経緯と経営の概要

島根県Ｔ町は、森林面積が９割にのぼる中山間地域で、農地の８割は水田である。用水確保は、一級河川流域の一部を除き、ため池によって確保され、谷筋に沿った各集落において、集落営農が展開している。全国に先がけ、1987 年に集落営農法人Ｏ（以下、法人Ｏ）が山間集落で誕生したことを皮切りに、各集落で集落営農法人が順次設立されていった。ただ、各集落の経営耕地面積は５～ 10ha 程度と小さく、人手も不足していたため、水田防除作業の省力化に有効であったヘリコプター防除を単独の法人で取り組むことが難しかった。そこで、1993 年に、法人Ｏを含む３法人でヘリコプター防除のための任意組織を別途設立した。その後、町内 11 法人にまで構成法人が増え、法人Ｏのリーダーシップでスタートした菜種栽培・搾油・BDF 燃料製造（当時）や機械の融通などが実現した。個々の集落営農法人が元来内包している「地域維持動機」（東山、2020）の中で、集落単独では取り組めなかった多様な活動が広域連携で順次実現できるようになったため、2009 年に任意組織から集落営農広域連携法人（以下、広域法人Ｗ）へ移行した。法人化後、米価の下落と鳥害の頻発により食用米生産と菜種事業に制約が生じたことから、2015 年から飼料用稲 WCS 生産に取り組み、広域法人Ｗは収穫調製作

18）前出の注 14 のアンケート調査結果では、他集落と何らかの連携を行っている法人は 43％にのぼる。

業と畜産農家との連携を請け負っている。また、広域法人Wの中心地区に位置する小規模燃料給油所が施設の老朽化のために閉鎖されることとなったため、広域法人Wが施設を買い取って補修し、2015年から燃油販売事業も開始している。

2021年現在の広域法人Wは13法人（経営面積計145.6ha、組合員計290名）からなり、①ヘリコプター防除、飼料用稲WCS事業（以上、図8－3の領域B)、②燃油販売事業（領域C）に加えて、③相互扶助活動、UIターン研修生・農業研修生の受け入れ、学校給食への米無償提供、食農教育などの地域貢献活動（以上、領域D）も展開している。

（2）経営戦略

1）無人ヘリコプター防除受託事業

高齢化が進み、小規模圃場が分散したT町において、無人ヘリコプター防除は、農業（農地）維持の要である。しかし、山間部ゆえに対象エリアが広域に及び、高齢化に伴う担い手不足と非効率性の観点から、各集落での運営に限界があった。この壁を、広域法人Wによって共同で乗り越え、オペレーターを町内で新規に確保して150ha（2020年）もの防除作業を実現するに至っており、より多くの多面的機能を有する山間部の分散した小規模圃場の「農地としての」維持に貢献している。

2）飼料用稲WCS収穫調製事業

島根県内有数の良食味米産地であるT町でも、米価下落による主食用米以外の生産要請が高まる一方、飼料価格変動などに伴う畜産農家の国産飼料へのニーズも高まっていた。広域法人Wが、経営面でのスケール・メリットのもとで専用収穫・調製機械を導入し、オペレーターも同時に確保することにより、25ha（2020年）もの飼料用稲WCS収穫調製を実現し、山間部での農地高度利用と飼料自給率向上に貢献している。また、中山間地域での飼料用稲WCS事業では、生産地と畜産農家とが地理的に離れ、かつ分散しているため、コントラクタを介した生産物と料金の取引にのみ終始することが一般的である。しかしながら広域法人Ｗでは、組合員が各地で培ってきた地域ネットワークを基礎に、畜産農家との意見交換を定期的に実施し続けており、作業効率の向上に留まらず、畜産農家のニーズを踏まえた品質・利便性向上に資する改善を続けている。

３）小規模給油所事業

広域法人Ｗの中心に位置する住民向け小規模給油所が、施設の老朽化等に伴い廃止されることとなった。広域法人Ｗは、地域の農業生産のみならず、組合員の生活（給湯・暖房用灯油の配達）においても必要不可欠の当給油所の経営継承を決断し、健全経営によって確保した資金と地域ネットワークをもとに施設を修繕補強して2015年から事業を開始し、組合員の生活目線から安定的な事業運営を維持しつつ（2020年の燃油販売量79kl）、地域の農業生産と生活を支え続けている。

４）相互扶助活動

広域法人Ｗは、費用負担の面で大きな壁となっていた農耕用大型特殊免許の取得講習会を実施し、2019年に集落営農法人ネットワークとJAにこの事業をバトンタッチし、町域でのオペレーター育成の道筋を付けている。また、広域法人Ｗ内のネットワークの深化により、排水対策や収穫・運搬面での各集落への支援が実現したことにより、構成４法人で女性によるキャベツ生産がスタートしている。また、広域法人Ｗでは、Ｔ町内で新たに集落営農法人が設立された際に10万円の「祝い金」を贈って法人化を後押しし、広域法人Ｗ加入時の出資金（10万円／法人）にそのまま充当できるほか、構成法人に急な資金調達の必要が生じた際には広域法人Ｗが無利子無担保で融通し、さらには、構成法人の機械や作業員に不測の事態が生じた際には近隣の構成法人が支援している。

５）地域貢献活動

広域法人Ｗのスケール・メリットを生かして、新・農業人フェアや就農相談会等に参加し、農業を志すUIターン希望者の体験研修の受け入れを実現している。また、広域法人Wの健全経営を基礎に、2018年からT町小中学校6校の学校給食へ、年間消費量の約5割にのぼる米300tの無償提供を実施している。「T町産のおいしいごはん」を子供達の記憶に長く残し、郷土愛の醸成、農業後継者の確保、さらにはUIターンの可能性にまでつなげるという長期的な効果のみならず、子育て支援という直近の効果をも実現している。さらに、広域法人Wでは、地元の小中学生のみならず、就職を間近に控える地元の高校生にも「食と農の大切さと、それを実現する苦労」を、食事や農作業といった実体験を通じて学んでもらう取り組みを実施している。

（3）組織文化形成

広域法人Wは、中山間地域の小規模集落であるがゆえに直面し続けてきた基層社会の変容（過疎・高齢化、世代交代など）と経営環境の変化（米価下落、農業・農村政策の変化など）に対峙する形で多様な活動を実現しつつ安定的な黒字経営を実現してきた。広域法人Wの取り組みの要点は、任意組織設立の段階から広域法人Wをリードしてきた法人O代表兼広域法人W代表の「役に立つが邪魔にならない」という一言に集約できる。広域法人Wを構成する13法人の各集落では、個々で完結できる領域を基層社会である集落のフレームで行い、集落単独で対応できない領域を広域法人Wがフォローする体制が構築されている。そのバックグラウンドとして、次の2点を指摘できる。第一は、町内外の特定農業法人・集落営農法人のネットワーク組織による、JA・地方自治体職員も交えた緊密なコミュニケーションの機会創出である。第二は、広域法人Wの年次総会を町内施設で懇親を兼ねて実施するに留まらず、宿泊研修や定期的な役員会を通じたコミュニケーションを重ねていることである。このように、中山間地域の13法人を束ねる広域法人Wの組織文化形成は、構成集落内外での緊密なコミュニケーションを実現することで、相互扶助（結い）の体制整備を早期に達成したことにあると推察される。

5　おわりに

以上、本論では、長年にわたり集落営農が実践されている島根県下の取り組みをもとに、集落営農法人にみる組織文化形成と経営戦略の分析枠組みについて検討した。また、集落営農広域連携による「地域」のフレーム（枠）拡大の事例を通して、過疎・高齢化と世代交代に代表される基層社会の変容への主体的な一対応策を検討した。

本論が設定した課題は研究の緒に就いたばかりであり、分析枠組みの精緻化や集落営農広域連携法人のさらなる実態解明をはじめ、残された課題は多い。特に、メカニズムとして切り取る範囲（フレーミング；佐藤、2002）については、「地域」の線引きを含め、細心の注意を要するものと考える。一方で、井上（2021）も示す通り、本テーマに関連する実践の歴史と研究蓄積は長く・厚い。集落営農法人を取り巻く経営環境が変化し、集落（基層社会）も変容する中、息の長い学際的な研究が求められる。

謝辞

本論は、広域法人Ｗのご協力のもと、柳村俊介先生ならびに本田恭子先生のご批評をふまえて作成されたものであり、JSPS 科研費 JP19H03062・JP15H04555（研究代表：八木洋憲先生）、JP22K05865・JP18K05866（同：筆者）の助成を受けている。記して感謝申し上げたい。なお、本論における誤りの責は筆者にのみ帰する。

引用文献

安達生恒（1985）「村落構造の変容と諸論調」安達生恒編著『村落構造論』農山漁村文化協会.

安藤益夫（1996）『地域営農集団の新たな展開－生産を越えて－』農林統計協会.

安藤光義（2008）「水田農業構造再編と集落営農」『農業経済研究』80(2)：67-77. https://doi.org/10.11472/nokei.80.67.

秋津元輝（2012）「女性農業者と集落営農」『農業と経済』78(5)：65-74.

秋津元輝（2019）「日本における“小農”再評価の位相」秋津元輝編著『小農の復権』（年報村落社会研究 55），農山漁村文化協会，183-203.

有本寛（2010）「兵庫県における経済更生運動のインパクト効果－市町村レベルの“差の差”の検討－」一橋大学経済研究所ワーキングペーパー.
http://www.ier.hit-u.ac.jp/~arimotoy/doc/Kosei.pdf.

馬場啓之助（1955a）「農村経営の概念と問題」馬場啓之助編著『農村経営論』東洋経済新報社，44-66.

馬場啓之助（1955b）「農村計画の回顧と反省」馬場啓之助編著『農村経営論』東洋経済新報社，99-129.

長憲次（1978）「農業経営の展開と村落」農業経営構造問題研究会編著『農業経営の歴史的課題－山田龍雄先生退官記念論文集－』農山漁村文化協会，171-192.

藤栄剛（2020）「農業経営の組織変革とそのインパクト－法人化を対象に－」『農業経営研究』58(1)：19-30. https://doi.org/10.11300/fmsj.58.1_19.

藤光忠（1991）「地域農業の組織化と資源管理の実践」『農業経営研究』28(3)：36-41. https://doi.org/10.11300/fmsj1963.28.3_36.

福原圧史・井上憲一（2013）「自給をベースとした有機農業－島根県吉賀町－」井口隆史・桝潟俊子編著『地域自給のネットワーク』コモンズ，156-173.

福武直（1949）『日本農村の社会的性格』東京大学出版会.

福武直（1964）『日本農村社会論』東京大学出版会.

Gasson, R., and A. J. Errington (1993) The Farm Family Business, CAB International.

神門善久（1995）「農村経済更生特別助成制度の政策評価」『農林業問題研究』31(1)：33-40. https://doi.org/10.7310/arfe1965.31.33

東山寛（2020）「農業経営に求められる組織変革－環境変化への適応に関する理論的検討－」『農業経営研究』58(1)：10-18. https://doi.org/10.11300/fmsj.58.1_18.

平塚貴彦（1992）「集落営農形成の意義と戦略的課題」『農林業問題研究』28(4)：160-170. https://doi.org/10.7310/arfe1965.28.160.

星寛治・山下惣一（1981）『北の農民 南の農民』現代評論社.

堀田和彦（2014）「稲作農業法人の企業形態論的再検討」日本農業経営学会編著『農業経営の規模と企業形態－農業経営における基本問題－』農林統計出版，199-214.

堀田和彦・伊庭治彦（2021）「農業経営学における組織文化と経営戦略の関係性に関する検討」『農業経営研究』59(3)：4-6.

伊庭治彦（2005）『地域農業組織の新たな展開と組織管理』農林統計協会.

伊庭治彦（2012）「集落営農のジレンマ－世代交代の停滞と組織の維持－」『農業と経済』78(5)：46-54.

伊庭治彦・坂本清彦（2014）「地域農業組織による社会貢献型事業への取り組みの背景と今後の展望」谷口憲治編著『地域資源活用による農村振興－条件不利地域を中心に－』農林統計出版，167-180.

伊庭治彦・高橋明広・片岡美喜編著（2016）『農業・農村における社会貢献型事業論』農林統計出版.

伊庭治彦（2020）「農業経営学における組織変革論の必要性と独自性」『農業経営研究』58(1)：3-9.

今井裕作（2012）「集落営農がとりくむ社会サービス事業」『農業と経済』78(2)：69-74.

今井裕作（2013）「集落営農の新展開－島根の地域貢献型集落営農に学ぶ未来への展望－」小田切徳美・藤山浩編著『地域再生のフロンティア－中国山地から始まる この国の新しいかたち－』農山漁村文化協会，83-116.

今井裕作（2014）「集落営農法人の人材確保と育成－法人リーダーに学ぶマネジメント－」谷口憲治編著『地域資源活用による農村振興－条件不利地域を中心に－』農林統計出版，207-232.
今井裕作（2017）「農村社会における集落営農の意義と新たな展望－島根県の中山間地域を事例に－」小内純子編著『協働型集落活動の現状と展望』（年報村落社会研究 53），農山漁村文化協会，75-108.
稲本志良（2003）「“新しい農業経営”の理論的課題」日本農業経営学会編著『新時代の農業経営への招待－新たな農業経営の展開と経営の考え方－』農林統計協会，161-176.
井上憲一・倉岡孝賢（2014）「中山間地域の小規模集落営農組織における法人化の意義－島根県を事例として－」谷口憲治編著『地域資源活用による農村振興－条件不利地域を中心に－』農林統計出版，181-205.
井上憲一・竹山孝治・山本善久・山岸主門（2016）「集落営農組織における地域貢献活動の特徴」『農業経営研究』54(2)：43-48. https://doi.org/10.11300/fmsj.54.2_43.
井上憲一・一戸俊義・千田雅之（2018）「集落営農放牧の組織化過程と運営体制に関する考察」『食農資源経済論集』69(2)：13-23.
Inoue, N. (2020) Agriculture Based on Regional Self-Sufficiency in Mountain Villages, N. Yasunaga and N. Inoue, eds., Farm and Rural Community Management in Less Favored Areas, Springer, 107-123. https://doi.org/10.1007/978-981-15-7352-1_7.
井上憲一（2021）「集落営農法人における組織文化と経営戦略」『農業経営研究』59(3)：32-45. https://doi.org/10.11300/fmsj.59.3_32.
伊丹敬之・加護野忠男（2003）『ゼミナール経営学入門 第３版』日本経済新聞出版社.
伊藤忠雄（1992）「集落営農と合意形成」『農林業問題研究』28(2)：47-54. https://doi.org/10.7310/arfe1965.28.47.
金澤夏樹（1984）「農業経営複合化の理論と現実」金澤夏樹編著『農業経営の複合化』地球社，2-59.
金沢夏樹（1985）「農業経営政策の構想」金沢夏樹編著『農業経営と政策』地球社，283-316.
金沢夏樹（1999）『個と社会－農民の近代を問う－』富民協会.
金沢夏樹（2004）「農業の地域性稀薄化の中の地域営農」金沢夏樹・髙橋正郎・稲本志良編著『地域営農の展開とマネジメント』農林統計協会，1-11.
鹿足郡柿木村（1933）『農村経済更生計画』鹿足郡柿木村.
加藤文彬（2020）「農業政策について」『農業経済研究』92(3)：279-285. https://doi.org/10.11472/nokei.92.279.
季刊地域編集部（2012）「おくがの村の糸賀盛人，酒を呑んで大いに語る」『季刊地域』10：32-35.
北居明（2014）『学習を促す組織文化－マルチレベル・アプローチによる実証分析－』有斐閣.
北中良幸・坂本清彦（2021）「株式会社きたなかふぁーむの『組織文化』－ティール組織論からの検討－」『農業経営研究』59(3)：46-58. https://doi.org/10.11300/fmsj.59.3_46.
小林元（2020）「中間組織体“地域農業組織”の組織変革に関する理論的検討」『農業経営研究』58(1)：41-54. https://doi.org/10.11300/fmsj.58.1_41.
久保雄生（2014）「集落営農法人における後継者の受入・育成に向けた取組と課題」『農林業問題研究』50(1)：1-10. https://doi.org/10.7310/arfe.50.1.

久保雄生・小林一・能美誠（2016）「集落営農法人における後継候補者の育成ステージに応じた課題と対処方策」『農業経営研究』54(2)：1-14. https://doi.org/10.11300/fmsj.54.2_1.
倉岡孝賢・井上憲一（2013）「集落営農法人における常雇従業員と構成員出役者の労務管理の特徴－広島県O法人を事例として－」『農林業問題研究』49(1)：194-200. https://doi.org/10.7310/arfe.49.194.
草苅仁（2020）「外部性の時代」『農業経済研究』92(3)：187-191.
楠本雅弘（2010）『進化する集落営農－新しい「社会的協同経営体」と農協の役割－』農山漁村文化協会.
前田佳良子・澤田守・納口るり子（2021）「戦略的人的資源管理と組織文化－大規模養豚法人を事例として－」『農業経営研究』59(3)：22-31. https://doi.org/10.11300/fmsj.59.3_22.
三田村けんいち（2014）「条件不利・場所愛・運命的定住－2, 3の断片的考察－」谷口憲治編著『地域資源活用による農村振興－条件不利地域を中心に－』農林統計出版, 53-80.
森本秀樹（2012）「進む営農組織の連携と再編－生産性の向上と担い手の確保に向けて－」『農業と経済』78(5)：75-84.
村田廸雄（1978）『ムラは亡ぶ』日本経済評論社.
村田廸雄・乗本吉郎（1978）『イナカ再建運動－百姓の独立宣言－』日本経済評論社.
永田恵十郎（1988）『地域資源の国民的利用－新しい視座を定めるために－』農山漁村文化協会.
永田恵十郎（1989）「地域個性と流域の地域経済」永田恵十郎・岩谷三四郎編著『過疎山村の再生』御茶の水書房, 63-84.
中島千尋（1957）「《農家経済学》の提唱－《農業経営学》の壁を破るもの－」『農業経済研究』28(4)：53-61.
新山陽子（1997）「畜産経営の企業形態」『畜産の企業形態と経営管理』日本経済評論社, 30-56.
西村武司（2004）「集落営農の法人化に関する解説」金沢夏樹・髙橋正郎・稲本志良編著『地域営農の展開とマネジメント』農林統計協会, 305-314.
農林水産省（2021）「令和3年集落営農実態調査報告書」, https://www.maff.go.jp/j/tokei/kouhyou/einou/kakuhou_21.html（2022年1月14日参照）.
沼上幹（2000）『行為の経営学－経営学における意図せざる結果の探求－』白桃書房.
沼上幹（2009）『経営戦略の思考法－時間展開・相互作用・ダイナミクス－』日本経済新聞出版社.
小田切徳美・坂本誠（2004）「中山間地域集落の動態と現状－山口県における統計的接近－」『農林業問題研究』40(2)：267-277. https://doi.org/10.7310/arfe1965.40.267.
小川景司・八木洋憲（2020）「集落営農法人による事業選択の特徴と持続可能性－滋賀県における実態分析－」『農業経営研究』58(2)：47-52. https://doi.org/10.11300/fmsj.58.2_47.
尾島一史・佐藤豊信・駄田井久（2013）「多様な流通チャネルを活用した有機農産物等の販売実態と課題」『農林業問題研究』49(2)：403-408. https://doi.org/10.7310/arfe.49.403.
小内純子（2017）「協働型集落活動の今日的特徴と可能性」小内純子編著『協働型集落活動の現状と展望』（年報村落社会研究53）, 農山漁村文化協会, 213-238.
大槻正男（1961）「協業経営と協業組織と共同経営（一）（二）」『農業と経済』27(2)：47-53, 27(9)：38-45（大槻正男著作集刊行委員会編著（1978）『大槻正男著作集 第六巻 風土論』楽游書房, 64-75所収）.
齋藤仁（1989）『農業問題の展開と自治村落』日本経済評論社.

佐藤秀典（2013）「組織アイデンティティ論の発生と発展」組織学会編著『組織論レビューⅡ－外部環境と経営組織－』白桃書房，1-36.
佐藤仁（2002）「“問題”を切り取る視点－環境問題とフレーミングの政治学－」石弘之編著『環境学の技法』東京大学出版会，41-75.
佐藤了・納口るり子（2018）「農業経営における家族的要素と企業的要素」日本農業経営学会編著『家族農業経営の変容と展望』農林統計出版，107-119.
島根県（2022）「しまねの集落営農」，
https://www.pref.shimane.lg.jp/industry/norin/nougyo/ninaite/eino/（2022年1月14日参照）.
鈴村源太郎（2021）「組織文化が経営戦略適用過程に及ぼす影響の理論的考察」『農業経営研究』59(3)：7-21．https://doi.org/10.11300/fmsj.59.3_7.
多辺田政弘（1987）「<もう一つの戦後>の可能性」国民生活センター編著『地域自給と農の論理』学陽書房，328-341.
髙橋正郎（1973）『日本農業の組織論的研究－農業における「中間組織体」の形成と展開－』東京大学出版会.
髙橋正郎（2014）『日本農業における企業者活動－東畑・金沢理論をふまえた農業経営学の展開－』農林統計出版.
竹中久二雄（1981）「集落機能の変遷と地域農業」『農業と経済』47(3)：5-12.
竹山孝治・山本善久（2013）「集落営農組織における経営発展度と地域貢献度の評価システムに関する研究」『島根県農業技術センター研究報告』41：1-18.
田代洋一（2020）「集落営農の東西比較－山口県と山形県－」『コロナ危機下の農政時論』筑波書房，143-212.
徳野貞雄（2015）「農業政策と農村政策の乖離を問う」『食農資源経済論集』66(1)：13-21.
内田和義・北村陽一郎（1995）「“むらおこし”と農村リーダー」北川泉編著『中山間地域経営論』御茶の水書房，295-314.
若林直樹・野口寛樹（2020）「農業経営の組織変革とそのインパクト－法人化を対象に－」『農業経営研究』58(1)：31-40．https://doi.org/10.11300/fmsj.58.1_31.
渡辺兵力（1976）「農家と村落の相互規定」『村落社会研究』12：183-213（安達生恒編著（1985）『村落構造論』農山漁村文化協会，307-339所収）.
八木洋憲・大呂興平（2006）「地域営農主体による条件不利圃場管理の評価と計画」『2005年度日本農業経済学会論文集』，15-22.
八木洋憲（2009）『イギリスの地域農業マネジメント』日本経済評論社.
八木洋憲・藤井吉隆（2016）「水田経営の規模の経済における組織形態の影響－作業の季節性とユニット数の視点から－」『農業経営研究』54（1)：105-116.
https://doi.org/10.11300/fmsj.54.1_105.
八木洋憲（2018）「農業経営学における経営戦略論適用の課題と展望－ステークホルダー関係を考慮した実証に向けて－」『農業経営研究』56（1)：19-33.
https://doi.org/10.11300/fmsj.56.1_19.
山本善久・竹山孝治（2017）「集落営農連携組織が新たな人材確保に果たす機能と役割」『農業経営研究』55（3)：29-34．https://doi.org/10.11300/fmsj.55.3_29.
山下裕作（2008）『実践の民俗学－現代日本の中山間地域問題と「農村伝承」－』農山漁村文化協会.

柳村俊介（2017）「農業構造改革と農村社会の再生は両立するか－“車の両輪”政策と協働型集落活動－」小内純子編著『協働型集落活動の現状と展望』（年報村落社会研究 53），農山漁村文化協会，35-74.

柳村俊介（2019）「農事組合型農村社会の再編強化とその変容」柳村俊介・小山純子編著『北海道農村社会のゆくえ－農事組合型農村社会の変容と近未来像－』農林統計出版，47-69.

第9章　株式会社きたなかふぁーむの『組織文化』
—ティール組織論から組織の進化を考える—

坂本　清彦・北中　良幸

1　はじめに

本論では、滋賀県野洲市で、高齢者やパート、外国人技能実習生、子育て世代、障がい者などを雇い、それぞれの背景や就労動機に合わせて包摂しつつ、キュウリ生産で全国トップレベルの農業経営を展開する株式会社きたなかふぁーむ（以下、きたなかふぁーむ）の「組織文化」を分析する。

きたなかふぁーむは、先代（同社代表北中の父で、現在は「会長」）から受け継いだ農地を基盤に、「農業をより良い職業に（アグリワンダフルカンパニー）」という理念にもとづき、多様な背景や動機をもつスタッフが各々の目標をかなえる場としての農業経営を展開してきた。キュウリ生産を主軸として、高度な栽培技術、機敏な経営資源獲得方策、一貫した哲学を反映した販売戦略などを組み合わせてきた結果、経営拡大と収益の安定化を達成し、全国有数の地位を築いた。結果として、2021年には第80回中日農業賞、農林水産大臣賞を受賞している。

本論は、こうした経営形態や成果の基底にあると目される、代表の北中の考え、北中とスタッフとの関係性およびきたなかふぁーむの組織文化を論じる。組織文化を論じるにあたり、人類の歴史の中で進化してきた組織の態様（モデル）を論じる「ティール組織（進化型）」（ラルー、2018）論に依拠する。あわせて生物進化論や文化進化論（メスーディ、2016）や進化経済論（西部ら、2016）の知見を参照しつつ、組織の「進化」や「適応」について検討を加える。

本論で参照する「ティール組織」について、ラルー（2018）によれば人類史において最も新しい発達段階にある組織モデルであり、これまでの組織モデルにない特徴（「ブレイクスルー」）を備えるという。階層性や上下関係、厳格な運営規程による成員の行動管理といった、旧来の組織の典型的特性がないか、極めて弱いにもかかわらず、先進的なティール組織性を備える企業は各業界において高い業績を上げている。また、ティール組織論においては、ティール組織の組織文化は「自然発生」するものであり、創業者やリーダーの個人的な関心事や意図とは独立して存在すると考えられる。

こうしたティール組織観を手がかりにきたなかふぁーむの組織文化の理解を試みるが、同社がティール組織の特性をすべて備えているとみているわけではない。しかしながら本論は、同社の組織運営のどこにティール組織的な特徴がみられるのかを検証し、検証を通じて組織文化とその変容についてティール組織論にもとづく新たな分析視角の提起を目指す。

2 ㈱きたなかふぁーむの経営概要と沿革

きたなかふぁーむの経営概況を表9－1に示した。特筆すべきは農業法人としては特異な「カンパニースピリッツ」、「ミッション」であり、その組織文化との関連、意義については後述する。

表9－1 ㈱きたなかふぁーむ経営概況

項目	内容
名称	株式会社きたなかふぁーむ
法人設立年	2015年
経営理念等	【カンパニースピリッツ】 パッションな人がつくるアグリワンダフルカンパニーの実現 【ミッション】 アグリビジネスの目標にしてもらえる「ぷらっとふぁーむ」づくり
スタッフ	正社員9名（内 女性6名）、パート20-30名、加えて社会福祉法人との契約で障がい者や中間的就労者が請負で勤務
栽培品目	キュウリ　小松菜など葉物野菜
経営面積	施設　2.7 ha　露地　1.0 ha
主要販売先	いかりスーパーマーケット、阪急阪神百貨店、東海漬物など
販売額	1億3千万

（出典：ききとりにもとづき筆者作成）

法人としてのきたなかふぁーむは、2015年に現代表の北中良幸の経営体と、先代で現会長の父親が経営していた家族経営体が合併して設立された。北中は東京農業大学を卒業後、愛知県内の種苗会社勤務を経て2008年に実家に戻り就農した。父親の農地を借りて指導を仰ぎつつ水稲やキュウリ栽培の技術を磨き、中古ハウスの購入などにより施設栽培を拡大していった。経営確立過程では、北中が、うまくいかなかいこと、課題、違和感、「スッキリしない」状況を徐々に改善し、また、スタッフが自然と調和して、必然的ともいえる現在の形に至った。

2021年１月現在、子育て世代から高齢者まで異なる世代のパートタイマー、外国人技能実習生、就農希望のフルタイム雇用スタッフ、請負契約で働く社会福祉法人の障がい者や中間就労者らがきたなかふぁーむで働いている。スタッフの働く背景・動機はみな異なり、必ずしも北中の考えや会社の理念と一致するわけではない。しかし北中は「スタッフにとっての会社は、個々の動機（夢）を実現できるプラットフォーム」との理念のもと、多様な人がいるから多様な課題が湧き出て課題解決のきっかけが生まれ、会社と社員の人間的成長にもつながっていると捉えている。特筆すべきは、スタッフの農業の魅力への関心と、それぞれの背景と動機を含めた人格の全てが組織に包摂され、各人のもつ未来像の実現に向けて働いていると目される点である。

３　「ティール組織」について

（１）組織の発達段階モデルとしてのティール組織論

「ティール組織」とは、フレデリック・ラルーによる『ティール組織―マネジメントの常識を覆す次世代型組織の出現―』（原題『Reinventing Organizations』2014年刊行、日本語訳は2018年刊行）において示された「次世代型組織」のあり方である。ラルーは、人間の意識の進化、発展段階とともに、協働のありかた、すなわち組織モデルが段階的に進化してきたとし、それぞれの段階をその特性を象徴する色で形容する。

ラルーは、人類の最初期に血縁小集団で生活し分業組織のない「無色」段階から、部族的集団で生活し個人の自己と他者は区別されるが物事の因果関係は不明で神秘的な世界観にある「マゼンタ（赤紫）」、因果関係認識にもとづく力による世界の支配を図る首長制や原始王国が生まれ、自他の明確な区別にもとづく役割分業や、力・恐怖による支配・上下関係を含む最初の組織形態「レッド」と、人類史初期からの組織の発生までをたどる。

さらに時代が進み、軍隊や教会のように規則などで個人の行動を統制し安定的な階層構造をもつが運営の硬直化しやすい官僚制に代表される順応型組織「アンバー（黄橙色）」、現代のグローバル企業のように効率性、個人の成功、イノベーション、起業家精神、実力主義、説明責任などを特徴とし複雑な機構を有するが、個人の疲弊を招きやすい達成型組織「オレンジ」、公平、協力、コンセンサス、協調、権力や階層性に代わる権限移譲などを特徴とし非営利組織に代表されるが、組織成員の行動規範が不明確化しやすい多元型組織「グリーン」など、現代的な組織形態が論じられる。なお、各段階から次の段階に至っても従前の組織モデルは消失するわけでなく、後の段階の形態と共存、並立するとされる。

（2）進化型（ティール）組織

ラルー（2018）は「進化型（ティール）」パラダイムを、「グリーン」に続く最新の発展段階とみる。ティール型組織は、「自主経営（セルフマネジメント）―組織階層やコンセンサスにとらわれず、組織成員が仲間との関係性の中で自ら動くシステムである」「全体性（ホールネス）―成員が与えられた役割を遂行すべき組織人格に限定されず、組織の中で全人格をさらけ出せる」「存在目的（Evolutionary purpose）―組織は自ら生命と方向性を持ち、その存在目的を常に問い追求し続ける存在である」という３つの特徴を持ち、自己組織化し環境に自己適応、進化する生命体になぞらえられる。

表９−２に整理したように、新自由主義経済下で広まった個人の成果達成と緻密な管理を特徴とする達成型（オレンジ）組織と比較して、ピラミッド型の階層性がないか、極度に簡素化されていること、購買、財務、人事などスタッフ機能は自発的なタスクフォースや各チームが必要に応じて担うなどの組織形態・運営上の特徴が挙げられる。意思決定は分権化され、助言プロセスを交えつつ、経営上部ではなく個々のスタッフが行うことが多い。役職や職階などで固定された明確な役割がない、またはその規定は限定され、個

人が流動的で状況に応じてきめ細かく必要な役割を担う。組織における役割以外の個人の全人格を受け入れ、また組織内に開示し、個人の使命と組織目的の交差点が探られる。組織は自らの存在目的をもつ生命体として見られ、成員がそれに耳を傾ける慣行が作られている。

表9－2　達成型（オレンジ）組織と進化型（ティール）組織の比較

組織運営局面	達成型（オレンジ）組織	進化型（ティール）組織
組織構造	階層構造	自主経営（セルフマネジメント）
スタッフ機能	人事、財務、購買など多数の機能	大半は自発的タスクフォースが果たす
役職と職務	どの仕事も役職と職務内容が固定	流動的できめ細かな役職が多数存在
意思決定	組織階層の上部で行われる	分権化
価値観	－（組織の価値観はお飾り）	明確な価値観が組織内で受容される
共同体の構築	－	自分をさらけ出して共同体を構築
業務時間拘束	－	仕事の時間と生活上重要な時間配分について誠実に話し合う
競合他社	敵	無関係か共に目的を追求する存在
利益	先頭に立つべき指標	自然に生じる後続的指標
組織変革管理	組織変革のためのツールを揃える	－（変化が常態ゆえに「変革」は無関係）
個人の目的	－（従業員が個人の使命を見出すための支援は組織の仕事でない）	個人の使命と組織の目的の交差点を探るために採用、教育、評価

出典：ラルー（2018：235-6、322-3、375 － 6）をもとに筆者作成

（3）ティール組織論における組織文化

一般に組織文化とは「組織成員の意思決定の基盤、構造的要素として組織の安定化に機能するもの、組織成員間に共有される価値観や規範、構成員全員の基本的前提認識」などと定義できる。本論では、こうした見解を踏まえつつ、より簡略に「成員の行為やコミュニケーションの基本的な枠組み・パターン」として組織文化を理解しておく。

ティール組織論においても、一般的な組織論と同様に、組織文化は組織の前提や規範、関心事などであり、組織の空気のようなものと捉えられる。また、ティール組織論は組織を自らの生命力をもつ生命体になぞらえ、創業者やリーダーの前提や関心とは別の次元で組織自体の自律的な文化を持つとされる。組織文化は、創業者やリーダーの意向やメンバーのコンセンサスによっ

て決まるものではなく、「(組織の中で納得を得られそうな価値観のようなものを作ると、) 文化は自然に立ち現れてくるのだ。それを強制する必要はない」(ラルー、2018：382)。

組織を社会システムとして捉える立場からもこうした見方が補強できる。すなわち組織とは、個々人の人間の意識とは別個のレベル・次元で生じているシステムであり、そこに内在する組織文化は、組織のリーダーであれスタッフであれ、個々人の「意識的な」働きかけで「直接」因果的に変化させることはできない。さらに近年の経営組織論でも、組織文化とは客観的実在というより、組織成員の相互作用を通じて絶えず創発しているものであり、直接的なマネジメントの可能性が議論の対象となっている (高尾、2019：125-6)。ゆえに、組織変革の「道具立てとしての文化」の必要性は相対的に下がる一方、影響力は強くなる (ラルー、2018)。

また、ティール組織論において組織文化は、組織を内面的 / 外面的次元と個別的次元 / 集合的次元という２つの軸からなる４象限 (ウィルバー、2019) で分析したとき、内面的次元 / 集合的次元の象限に位置付けられる (図９−１)。

図９−１　４象限モデルによる組織文化、信念や心の持ち方、人々の行動、組織の構造やプロセスの位置づけ

	内面的次元 (主観的)	外面的次元 (客観的)
個別的次元	①人々の信念と 心の持ち方	②人々の行動
集合的次元	③組織文化	④組織のシステム (構造やプロセス)

資料：(ラルー、2018：380；ウィルバー、2019)

ここで外面的次元とは、個人であれ組織であれ目に見えるもの、内面的次元とは目には見えないもの、を指す。このモデルにおいて先述の「組織成員の行為やコミュニケーションの基本的な枠組み・パターン」たる組織文化は、組織成員に共有されているが、通常は顕在化していない組織の特性と解釈できる。さらにティール組織における組織文化とは、Schein (2017) のいう３つの組織文化の分析レベル、「人工物」「明示、標榜された価値観」「(当然視

されている）基底的な前提」のうち、「（当然視されている）基底的な前提」（Schein 2017：23）に該当しよう。これらの4象限の事象は相互に関連し合っており、組織文化を作り上げるには、他の3象限に同時に働きかける必要がある（ラルー、2018）。他方、上述したように組織、そして組織という独立した有機体（あるいはシステム）であり、その文化は経営者が思うままに操れるようなものではない。

（4）「進化」の意味

実はラルー（2018）はティール組織の「進化」について明確に説明していない。おそらく、事物がより良い・高度な・複雑なものへと変化し環境に適応するという、一般的な「進化」概念によっていると考えられる。しかし「進化」概念をたどれば、生物の多様性や環境適応の説明理論としてのチャールズ・ダーウィンに端を発する「進化論」に行き当たる。ダーウィンの「進化論」は、進化を「変異」「（自然）選択」「継承（遺伝）」という基本的なアルゴリズムと理解でき（佐倉、2002）、社会や文化など人間の領域に適用する試みがなされてきた。その結果、近年、進化経済学（西部ら、2010）や文化進化論（メスーディ、2016）といった形で成果をあげている。こうした状況をふまえ本論では、きたなかふぁーむのティール（進化型）組織的特徴を明らかにするとともに、ダーウィン的「進化論」に依拠しながら組織の「進化」や「適応」の意味の再考察を試みる。

ダーウィン（1990＝1859）は、多様な生物（種）が進化してきたメカニズムを、①生物個体の形態や機能には「変異」があり、②他の個体との生存競争において、生存に有利な性質を持つ個体は生き残り（「選択」）やすくなり、③その性質が子に受け継がれる（「継承」）という継続的な過程であると説いた。以後、集団遺伝学や行動動物学の発展、遺伝子の本体「DNA」の複製機構の発見などを経て、ダーウィン的な自然選択が生物進化の主要機構であるという認識が定着している。

本論の議論に特に重要な進化論の一論点として、「選択の対象となる単位」（選択単位）をめぐる議論がある。ダーウィン自身は「個体」を選択単位と考えていたようだが、「個体」の他、「集団」（種や個体群）や「遺伝子」を選択単位とみる見解との間で議論が続いてきた（松本、2010）。

この中でも「遺伝子」（遺伝コード）を選択単位とみる立場は、現在の進化論でもっとも説得的であり、さらに経済進化論の知見を経由して組織の進化・適応の捉え方に新たな視点をもたらしうるので掘り下げたい。1960年代から注目されていた「遺伝子選択」論は、個体選択が生物集団の遺伝子の総体（遺伝子プール）中の特定の遺伝子の頻度分布の変化として説明でき、また「個体選択」論では説明困難な個体の利他的行動も説明できるとする（松本、2010）。こうした「遺伝子選択論」は、リチャード・ドーキンス（1991＝1976）の「生物個体は『利己的な遺伝子』の『乗り物』である」という優れたメタファーを通じて一般にも急速に受容された。

「遺伝子選択」論では選択･適応過程を、（遺伝）情報を複製、継承する「自己複製子」の消長として捉える。「適応（度）」は、生物の形質や行動をもたらす遺伝子（自己複製子）が、個体という「乗り物」を介して、一定時間（世代）後にどれだけ同じ複製子を増加させたかという観点で測定される。後にこの「遺伝子の乗り物」概念は「相互作用子」という概念に置き換えられた。これは、他の相互作用子との相互作用を通じて遺伝子の複製可能性に影響を与える実体とされ、個体だけでなく個体集団なども含められる。

進化経済学は、この「複製子[注2)]」および「相互作用子」概念を導入し、経済や組織の動態分析への適用を図っている。西部ら（2010）は、「複製子」を「If-Then」（「○○の状況なら、××する」）という形式の「ルール」であるとし、組織や社会集団の中に生まれた「ルール」が複製され広く広まる過程が社会制度の進化であるという。

ここで「遺伝子選択」論にならい、「If-Then」形式のコードたる複製子が一定の環境下、一定期間に、相互作用子によって実践され、他の複製子より多く複製されて組織や社会集団に拡散する状態は、その組織や集団がその環境に「適応」しているとみなすことができる。複製子の頻度分布パターンが大きく変わり、そのルール群によって組織・集団の成員の行動パターンが変化したとみなせるとき、その組織・集団は「進化」したとみなせるだろう。

ところで、生物学・進化論的視角を適用する経営学の一領域、組織エコロジー理論では、選択単位を企業や企業の従業員の増減（企業の発生と消失、従業員の雇用・離散など）としている分析例がみられる（入山、2019：第30章、第31章）。組織や人を選択単位とみなすこと自体は可能だが、このような分析では法人のような公式組織や正式な雇用者の動向だけしか対象にできないという問題がある。これに比して、「If-Then」ルールをコードした複製子の複製頻度の動態を捉える進化論的アプローチは、複製子を適切に把握できれば、より精緻に組織の「適応」や「進化」を分析できるだろう。この手法は、任意団体、ネットワーク、アドホックな集団などの非公式的組織の進化過程の分析にも適用できる可能性が高い。

なお、本論の分析では、加えてダーウィン進化論の核心をなす「変異」と「継承」過程も、アナロジーとして補足的に用いることになる。生物において「変異」はDNAの複製時に起きる偶発的なエラーとして生じ、「継承」はDNAの安定した複製機構によりもたらされる。つまりDNAの変化と安定性という「偶然と必然」（佐藤、2012）が生物の進化を駆動させる。組織を「人間集団におけるコミュニケーションとその関係のパターン」（サイモン、2009＝1997：26）とみなせば、組織の進化も「偶然（変異・変化）と必然（継承・安定）」という対照的なコミュニケーションのパターンから生じるとみることができる。

この見方は、進化経済学から経営学に導入された「ルーティン」を基盤にした組織の進化やイノベーション過程の分析（藤本、1997；入山、2019；ネルソン、ウィンター、2007）にも通じる。組織を安定化させるプロセスとしてのルーティンが新たな情報の受容を容易にしイノベーションを可能にすること、またルーティンそのものが変異を促すものであるべきことが帰結される。

このような分析視角を補足的に用いつつ、以下できたなかふぁーむのティール組織的特徴を検証する。

4　きたなかふぁーむの経営にみえるティール組織的特性

（1）代表・北中の理想

きたなかふぁーむのティール組織的特徴が如実に表れているのは、経営理念にも反映される経営者・北中の考えであろう。ただし、きたなかふぁーむという組織は北中が一方的に作り上げたものではない。また、現段階では北中の考えが組織運営やメンバーの意識に十分に浸透してはいない。きたなかふぁーむという組織から北中自身が学び、考え方を変容させてきた事実（後述）からも、「北中すなわち組織の作り手」という見立ては適切ではない。

北中は、きたなかふぁーむの「カンパニースピリッツ」（「パッションな人がつくるアグリワンダフルカンパニーの実現」）、「ミッション」（「アグリビジネスの目標にしてもらえる「ぷらっとふぁーむ」づくり」）を、「額に入れた」経営理念ではなく社の根本的な存在意義をなすものと考える。しばしば口にする「先義後利」（利益より大義を優先させる）という考え方や、競合他社をほとんど意識していない点とあわせて、ティール組織の特徴と共通する。

なお、北中は社長としての自身の考え方をスタッフに押し付けることを厳しく自制している。各スタッフのやり方や考え方への極度な干渉は、社長のエゴの押し付けであり、そのこと自体、カンパニースピリッツに矛盾すると考えるがゆえである。たとえば、2020年に新型コロナウィルス感染症拡大で苦戦していた取引先の飲食店から弁当を購入し、スタッフに提供したことがあった。その際、その弁当に込められた取引先の支援という意図を、あえてスタッフに明示的に伝達しなかった。北中自身は、その意図をスタッフが汲み取れるような「組織文化」が形成されることを願ってはいるが、それを押し付けることはしていない。

社長の意思をスタッフに上意下達的に伝えることを抑える一方で、最近になって「カンパニースピリッツ」を「浸透」させるための仕組みは必要であると考えるに至った。北中の言葉では、「社員全員、どこを切っても、『金太郎飴』のよう」、すなわち「誰の意識をみても同じようにカンパニースピリッツをもち、誰もがミッション達成に向けて取り組んでいる」べきという。北中は、経営者の意思の一方的な伝達の抑制と、「カンパニースピリッツ」の実現と「ミッション」達成のための仕組みづくりと、一見矛盾する自らの役割を果たそうとしている。

（２）自然発生的な現場運営手法

代表の北中は、現場作業などの進め方について、スタッフに対しほとんど口出ししない。数年前まで、北中は栽培や出荷作業を細かく指示していたが、ある時点で北中自身の自省を経て、今はほぼなくなっている。基本的にはパートを含めたスタッフに作業・管理の手法を考えてもらっている。実際、そうした「管理しない運営」を通じて、スタッフが自主的・自然発生的に作業方法や労務管理の仕組みなどを構築してきた。その点もティール組織的な理念や組織運営のあり方と共鳴するところである。

具体的には、現場スタッフが組織的な対応の必要がある課題（例：新人の外国人技能実習生の生活適応）に直面する時、ベテランのスタッフが代表の北中に対応を進言するなど、自主的な課題解決が図られている。新人スタッフの栽培・出荷の作業手順習得を、現場スタッフが自発的に支援している。出荷作業を担当するパートの出勤管理など、現場レベルの課題への対応も、スタッフが自主的に行っている。

たとえば、選別・出荷作業の現場では、子供を持つパートと高齢のパートスタッフが、「おかげさま、おたがいさま」の精神で、それぞれの都合に合わせて出勤曜日・時間を配分し、自然に調和の取れた勤務体系が組まれるなど、現場で自己組織化的な運営の仕組みが生まれている。さまざまな世代のパートたちが各々の事情を話し合い、子どもが学校に行く平日には子育て世代が、週末にはシニア層がと出勤日を調整しているという。最近、選別・出荷現場で長く働いてきたリーダー的なパートスタッフが退職したが、北中の特段の指示もなく、その穴を埋めるように作業の差配が自然調和的に行われている。

もちろんきたなかふぁーむにも階層、上下関係、役職による権限など、従来の組織の特徴もある。その一方で、セルフマネジメント、他者の人格を受け入れて情で人が動く、といったティール組織的な特徴がみてとれる。

（3）業務と役割・組織構造

社を代表しその経営に責任を負う北中とスタッフの間には確かに上下関係や階層性がある。しかし両者の関係性は、階層的な組織構造を介した業務指示と遂行という、典型的な順応型や達成型組織のそれと異なる。北中は、人（スタッフ）に動いてもらうためには、①「法律（規則）」にもとづく権限によって動かす、②「理屈（売上が上げれば給与が上がる）」などのインセンティブによって動かすといった、組織機構、上下関係、階層性に依存する順応型や達成型組織の枠組みではなく、③「社長や同僚がいるからやる」といったいわば「情」によって、自然発生的に人が動くことを理想としている。

もちろん、北中とスタッフの間に多くの組織と同様の社長と社員という「上下関係」ゆえのやりとりはある。図9−2に示すように、たとえば、社長から常雇いの社員（AやB）に、また経理を中心に事務をほぼ一手に担うパートスタッフDに、さらに中国語が堪能な社員Aから圃場管理の主な担い手である外国人技能実習生に、明確な「指示」が出る場合もある。しかしながら、これら一見「上下」関係にある組織成員間でも、主に相談や提案を通じて作業の方向性が合意され、多くの場合、現場の裁量で詳細が決められる。中国やベトナムからの外国人実習生も、キュウリ苗の植え付け方法を自分たちで改良し、3年の任期中に後輩に伝えるといった技術の創出と伝承が起きている。

現場に任せる方針について、北中は「社長は圧倒的に情報量が多い一方で、現場のスタッフしかわからないことも多くある。[現場の]やり方の選択は[社長と] 異なることが多く、実際に社長もスタッフから学ばせていただくこともしばしば」と言う。

元々スタッフの雇用時の業務はある程度決められていた（例：パートDの主な業務は経理、社員Cは直売店管理など）が、その範囲は各人の裁量で拡大したり、他のスタッフと調整して修正される。北中から指示されたわけではないが、パートDは雇用当初から徐々に守備範囲を広げ、出荷の手配調整、スタッフの労務管理なども実質的に担当するほか、経営上の助言を北中に与えることもある[注3)]。

図９−２　きたなかふぁーむのコミュニケーションの流れ模式図（注:全員を表すものではない。）

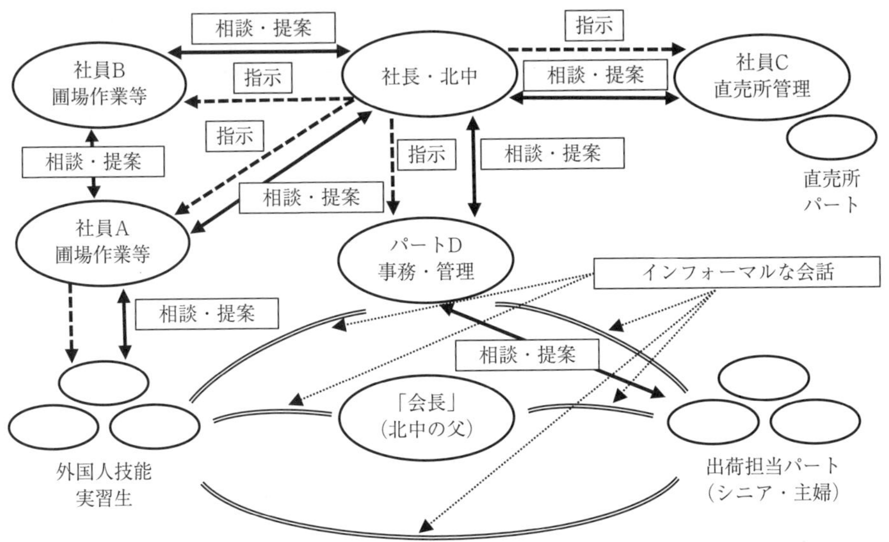

資料：筆者作成

また、スタッフが社長の北中には直接言えない不満や愚痴を、「会長」やパートＤがインフォーマルな会話で受け止め、時に北中に伝えている。外国人技術実習生と出荷担当のパートの間にも、日常の買い物などインフォーマルな会話があり、そうしたやり取りを通じて、パートから北中やパートＤに実習生の生活上の懸念が伝達されたりもする。

このような「役割」（業務ではない）も、役職を超えたスタッフ各人の全人格的受容を経由して、自然発生的に生じてきたものである。ワークショップ的なミーティングを通じた課題の結果の共有など、オープンなコミュニケーションの機会とあわせて、程度の違いはあれ、各人の働く背景や動機、人格の全体性（「ホールネス」）が受容される。こうした複層的なコミュニケーションチャンネルにより、スタッフと代表の間、またはスタッフ同士に強い信頼が築かれていることが見てとれる。ゆえに、不平や不満が皆無ではないが、スタッフはきたなかふぁーむは働きやすい職場であると捉えられている。

なお、重要な点として、北中は自らの組織運営への関与のあり方を極めて速いスピードで修正していることが指摘できる。環境に合わせた「変化が常態」であり、ことさら「変革」をうたわないティール組織的な運営は、スタッフとの関係性についてもあてはまる。たとえば、数年前に作業に関する細かな指示を止めたのと同じ頃、北中はそれまで続けていたスタッフの個人的な困りごとなどを聞くことをやめ、「突き放した」ようなコミュニケーションをとるようにした。しかしそれが上手くいかないことを感じるとすぐに、「髪切った？」などたわいもない個人的な会話をもつようにした。組織でのコミュニケーションから学んだ関係性の作り方も、居心地のよい職場づくりにつながっている。

（4）組織の存在目的の創発性と北中への反照効果

北中は、自ら考案した理念（カンパニースピリッツやミッション）を掲げて経営を進めてきたが、その理念自体に照らしたとき、それを押し付けることは自らのエゴに過ぎないと自己批判的に認識するに至った。つまり自ら掲げた組織の存在目的に、自らの認識の変容を迫られたことになる。こうした「組織」による経営者の認識変容は、経営者も含めた組織成員が組織の存在目的に耳を傾けるというティール組織の特徴を端的に示している。

北中の認識は、スタッフの振舞いの観察、彼らとのやり取り、指示の仕方を修正するなかで変容してきた。きたなかふぁーむで受委託契約で働く障がい者や中間的就労者が、仕事を通じて自身の存在価値や居場所、生きる意味などを見出すようになったことも、社の存在意義や使命に新たな意味を付加することになった。これも経営者を含む個人の意識とは別次元で、組織目的が進化したことを示している。

ティール組織論の立場からは、組織の存在目的は、経営者も含め組織成員個人の直接的な操作の及ばない独自の意味合い、すなわち創発的な価値を帯び、組織目的の発案者である経営者の意識にも反照されていると捉えることができる。

（５）働き手の全人格受容と個人・組織の目的の交差

旧来型の組織では、働き手の人格は主として役職や業務に紐づき、それ以外の人格は無視されるわけではないが副次的なものに過ぎないのに対し、ティール組織では働き手の人格が全面的に受け入れられる。きたなかふぁーむでは、子育て世代の親、引退したシニア、障がい者、中間的就労者、市議会議員、外国人技術実習生など、働き手の背景の多様性、つまり人格の複雑性が積極的に受容されている。

既に論じたように、きたなかふぁーむでは、スタッフが自然発生的に現場運営手法を生み、習得する仕組みを創り出した。これはスタッフの多様な背景を受容することを前提に、スタッフ間で相互補完的な働き方の仕組み・態度・価値観として「自然に」生まれたもので、計画・予期されたものではない。たとえば、障がい者が得意な作業を見出したり、スタッフが得意、不得意な機械操作を分担したり、シニア層と子供のいる世代のパートが出勤しやすい日を調整しあうなど、各々の得意分野を相互補完する動きがトップの指示なしで形成されてきた。

さらに、働き手の多様な背景や動機を含む全人格的な受容は、会社の存在意義と直結している。北中は利益増大を会社の一義的な目的とせず「会社の未来像と各社員の未来像を並列して、そのベースにそれぞれの未来を実現できる会社という空間がある」と、「個人の使命と組織の目的の交差点を探るために、採用、教育、評価制度が用いられる」というティール組織と共鳴する考えを根本に据えている。

たとえば、外国人技能実習生の採用に当たり、北中は社の理念に共鳴していることだけではなく、候補者個人が堅固な未来像（必ずしも社のビジョンに一致しなくてもよい）と情熱を持っていることを重視し（＝働き手の全人格の受容＝全体性）、きたなかふぁーむで働くことが彼らの未来像の実現に資するような環境整備を進めている。

なお、後述するように、こうした多様性受容の基盤として、農業の特質が強く関連している。すなわち、工業生産とは異なる農業の複雑性や柔軟性が、会社の「個々の夢を実現するぷらっとふぁーむ」という存在意義（レゾンデートル）を可能にしている。

（6）小括

ここまで示したように、きたなかふぁーむの運営や北中の理念には、ティール組織の特徴が表れている。北中個人としては、スタッフに任せる運営、組織の存在目的を最優先に置き利益より大義を重視する姿勢など、ティール組織の特徴と共鳴する理念を抱いている。北中はこうした理念をティール組織を学んで抱くようになったのではなく、日頃課題に対応するなかで見出してきたことは述べておきたい。

結果として、きたなかふぁーむでは、組織レベルでスタッフが自主的に運営方法を創出したり、自ら役割を見出していく「自主経営（セルフマネジメント）」的な動きがみられるようになった。子育て世代の女性から高齢者、障がい者や中間労働者まで、スタッフの異質性、多様性が目につきやすいことも業務・役職を超えた全人格的な受容を促し、「おたがいさま」の感覚が自主的運営をさらに促す。最後に、確固とした存在目的を持つ組織が独自の「生命体」として活動しており、その存在目的を組織に埋め込んだ経営者北中を含めた成員の行動や意識がそれに律せられつつあるといえる。

5　きたなかふぁーむの組織文化と「進化」

（1）「文物（人工物）」としての農業

本節では、組織文化を「成員の行為やコミュニケーションの基本的な枠組み・パターン」とする定義づけを下敷きとし、Schein（2017）の3つのレベルの組織文化の構造「人工物」「標榜された価値観」「（当然視される）基底的な前提」を手がかりに、ティール組織の特徴が萌芽するきたなかふぁーむの組織文化を考察する。

まず、組織の存在目的（カンパニースピリッツとミッション）にも示されるように、きたなかふぁーむが農業を基盤していることが、ティール組織的な特徴と強く結びついていることを論じる。さらにそれが「物質性（Materiality）」という概念[注4)]を仲立ちに、Scheinの言う「人工物（文物）」としての組織文化の構成要素となっていることを述べたい。

きたなかふぁーむのティール組織的特徴である、働き手の様々な背景、動機を含めた全人格の受容は、農業という小規模の営みゆえに可能となっている。北中は、工業的製造業と異なり、農業は均質生産のため技術を駆使しても自然条件ゆえに生産には揺らぎがあり、また作業工程も多く複雑で、いわば「あそびの余地」があるので、様々な働き手が能力を発揮できる場面があることを、これまでに見出してきた。Schein（2017）にひきつけていえば、組織成員の行動を含め組織の可視的なありようを規定しているという意味で、農業という物質的な営みがきたなかふぁーむの「文物」レベルの文化を構成している。

さらに注意すべきは、農業生産は目的でなく手段という認識にある。農業を基盤としつつも、組織の存在目的は、農業生産自体でも、優れた生産物を消費者に届けることでも、利益の最大化でもない。農業の揺らぎ、複雑性、あそびを生かして、組織成員が目的をかなえる「プラットフォーム」たる社を運営することにある。ゆえに北中は、農業が今後の組織のあり方のモデルとなり得、「これからの組織のあり方は一次産業から変革する」と考えている。目指されるのは、階層組織や規則ルールによる管理ではなく、組織成員による「自主経営」というティール組織のあり方と合致している。

また、農業という営みはまったく別の局面できたなかふぁーむの持続的な「文化」を構成している。きたなかふぁーむのキュウリ生産は、「会長」の2代前の当主が、農閑期の所得向上のため大正末期に大阪で簡易施設による促成栽培を学んだことに始まる。その当主は試行錯誤の末、土づくり、かん水、施肥の極めて厳格な手順を考案し、他の追随を許さない高品質のキュウリ生産技術を確立した。

その技法は今も受け継がれ、現在の経営の基礎となっている。その1つは、発酵・たい肥化していない稲わらを直接キュウリの培土に鋤きこむというもので、一般的な農学、土壌管理学では忌避されるものである。北中は先代から栽培技術を学んでいた際、「なぜこんな面倒なことをやるのか」と疑問に思っていたが、その手法抜きではうまくいかないことに徐々に気付いていった。圃場管理にあたる他のスタッフもこの手法に疑問を抱いているかもしれないが、実際にそれが機能していることに加え、今は社のアイデンティティをなす「儀式」として実践し続けている。農業という営みゆえの、「物質性」が強い「文物」としての組織文化の一例である。

ところで、高品質のキュウリを安定生産する技法は、儀式に象徴されるように「ルーティン」化されている。ルーティンという経営上の安定性が、後述する「朝令暮改」的な取り組みを含めた「変異」を受容し、その拡散を可能にしていると考えられる。

(2)「標榜された価値観」の進化論的浸透

きたなかふぁーむの「カンパニースピリッツ」「カンパニーミッション」は、Schein（2017）の「標榜された価値観」としての文化の端的な例といえよう。とはいえ、これまでのところ、これら「標榜された価値観」は、社のロゴなどの形で事務所の壁などに掲示されているが、普段は顧みられることはなく成員に影響を及ぼしているとは考えにくい。一般に、こうした「標榜された価値観」は組織成員の唱和などで共有されたりするが、きたなかふぁーむにおける毎朝の圃場管理スタッフとの打ち合わせで「カンパニースピリッツ」「カンパニーミッション」などが顧みられている様子はない。

しかし、最近になって北中は、社の「標榜された価値観」、すなわちカンパニースピリッツを組織に「浸透」させることの重要性を認識するようになった。現在北中は、カンパニースピリッツを、社を１本の樹木になぞらえたときの「根」にあたるものと位置づけ、それが組織全体に浸透するような働きかけを始めている。それを浸透させるということは、Schein（2017）のいう「（当然視されている）基底的な前提」としての組織文化であり、また図９−１に示した４象限のうち内面的／集合的次元に該当するもので、可視化の困難なものである。

こうした目に見えない組織文化を直接因果的に「操作」することは、経営組織論や社会システム論の立場からみて極めて困難である（高尾、2019；長岡、2006）。北中としても「価値の浸透」をトップダウン式に押し付けることは社長のエゴであり、「価値」そのものにも背反することは理解している。

実際、その「浸透」手法は非常に多種多様な働きかけを行使するもので、北中はそれを「曼荼羅（まんだら）」図に表現している（図9－4）。

図9－4　カンパニースピリッツ浸透のためのさまざまな働きかけ

見えない世界の中期ビジョン

1. 素直	2. リーダー	3. 挑戦	9.GRIT 持続性	10. チーム力	11. スイッチ	17. 時間を守る	18. 場を清める	19. 礼を正す
4. 個人の尊重	A. 資質	5. 好奇心	12. 生理的欲求	B. モチベーション	13. 自己実現	20. 習慣	C. ヒューマン人間性スキル	21. 理念
6. 本質の分別	7. 学べる能力	8. 役割行動	14. 安定欲求（給与）	15. 社会的欲求	16. 声掛け	22. 観察力	23. 態度	24. 価値観の育成
25. 多用面思考	26. 徳治主義	27. 事実と解釈	A. 資質	B. モチベーション	C. ヒューマン人間性スキル	33. OJT	34. 仕掛ける	35. コラム
28. 理念行動	D. コンセプチュアルスキル	29. OUTPUT	D. コンセプチュアルスキル	アグリワンダフルカンパニー	E. 浸透	36. 金太郎飴	E. 浸透	37. 発信習慣
30. 優先行動	31. 社会人基礎力	32. メンター制度	F. 仕組み・環境	G. 社長の人間性	H. 承認尊厳欲求	38. 信頼	39. 体験と共感	40. 褒める
41. 集合写真	42. 納涼会忘年会	43. 旅行	49. リーダーシップ	50. 主体変容	51. 聞き上手	57. 結果承認	58. 経過承認	59. 存在承認
44. 昼食の充実	F. 仕組み・環境	45. 全員が主体的	52. 帝王学	G. 社長の人間性	53. 発信	60. 笑顔	H. 承認尊厳欲求	61. 顔を見せる
46. 気づきの仕掛け	47. ひとのBCP	48. 日常からの脱却	54. 喜ぶ	55. 右腕成長	56. ゆとり	62. 変化に気づく	63. 承認実績会	64. 話す

資料：北中作成

この「曼陀羅」で「アグリワンダフルカンパニー（の実現）」（中心の太枠）

のために、8つの主要な働きかけの領域（中心部の枠A～H)）を設定し、各領域（周辺に配置された太枠）にさらに9つの具体的な手法を設定している。ただし、これらの働きかけがすべてうまくいくと考えているわけではない。すなわち、因果性を前提にした計画的、操作的、PDCA的なものでなく、多数の変異を生み、北中によれば「朝令暮改」的に実践し、たまたま適合したものが採用されるという「進化論的」過程を前提にしている。

さらにこの手法は期せずしてティール組織論で提示されている組織の4象限（図9-1）の、組織文化が位置する内面的/集合的次元以外の3次元、外面的/個別的、内面的/個別的、外面的/集合的な次元に同時的に働きかけるものである。たとえば、社長自ら「承認」、「笑顔」、「褒める」といった外面的な行動をとる、社長自身の内面的人間性の向上を図る、昼食の改善や親睦イベントを行って集合的に成員の内面の満足度を上げる、などが考えられている。組織文化の因果論的変更の困難さを前に、大量の変異を前提にした進化論的なアプローチは理にかなっていると考えられる。

（3）「基底的な前提」―ゴーイングコンサーンか、パーパスコンサーンか

Schein（2017）が「（当然視されている）基底的な前提」と呼ぶレベルの組織文化は、たとえば技術者が「人間にとって危険なものは作らない」などと、暗黙裡に抱いている前提を指す。こうした前提は、あえて探らなければ明示的に可視化されることはなく、「基底的」レベルの組織文化の全体像をひとからげに把握することはできない。

社会や組織をコミュニケーションから構成されると考える社会システム論（長岡、2006）では、組織文化とは、組織において継続的に生起するコミュニケーションに一定の方向付けを与える前提や予期の総体である。組織の「基底部」に存在する組織文化は、コミュニケーションのたび現前化し、かろうじて垣間見える前提や予期の一端からしか把握できない。こうした前提や予期はコミュニケーションの都度微妙に変化するので、総体としての組織文化もその都度変化する。ここでは、フィールドワークで垣間見えた「基底的な前提」の一端から総体としての組織文化像を仮説的に描き出す。

きたなかふぁーむにおける「基底的な前提」として、北中が浸透を図るカンパニースピリッツは定着したとはいえない。それでは、現在のきたなかふぁーむの「基底的な前提」はどのようなものか。その1つは、組織成員個々の目的が優先され、いわゆる企業の「ゴーイングコンサーン」（継続企業の前提）に重きが置かれていないこと、である。北中は明確に「キュウリを作るだけなら、会社としてやっていく意味はなく、農家としてやればよい」という。

社の存在目的は、農業を手段として組織成員が目的を達成できる基盤（「アグリプラットファーム」）を作ることであり、キュウリを生産、販売し、利益をあげることではない。もちろん「場」を作るための手段として利益を上げることは必要だが、それが目的ではない。個々の組織成員をみても、外国人技術実習生であれば就労の契機は「お金を稼ぐ」、社員であれば「独立して就農する」、パートであれば「空いた時間を有効に使ってお金を稼ぐ」ことなどである。これらは社の存在目的にかなう一方で、社の存続への永続的なコミットメントは重視されていない。ラルー（2018）の紹介するティール組織と同様に、きたなかふぁーむでは、存在目的の達成が最上位の優先事項であり、いわば「パーパス（存在目的）コンサーン」が基底的な前提をなしているといえよう。

（4）きたなかふぁーむの「進化」

かつて北中がこと細かに指示していた作業内容の伝達を、ある時から現場スタッフに任せる方針に変え、きたなかふぁーむの現場では自主的な運営の仕組みが成立してきた。組織運営が劇的に変わり、多様な背景を持つスタッフがより働きやすい職場になったことは、この組織の「進化」を示しているといえる。当時の状況の詳細は不明だが、「現場のことは現場に任せる」という方針は、たとえば「スタッフのみなさんで考えてください」といった明示的な発言として、あるいは「口を出さない」という形の暗黙的なメッセージとして、北中が日々繰り返し実践する「複製子」にコードされた「ルール」として、徐々に組織内に広まってきたと目される。

このようにルールの浸透が可能だった背景には、おそらく、「会長」やパートDを中心にインフォーマルなやり取りを通じて働き手の多様な背景「全体性」を受容する雰囲気が形成され、またそういった環境下で率直にお互いを尊重して話せるリーダー的なスタッフがいたことなど、偶然的な要因もあるだろう。

「カンパニースピリッツ」の浸透への取り組みにみられるように、北中は意図的に組織内に速いスピードで大量の「変異」を作り出し、その時たまたま適合した取り組みを採用するという「進化論」的なアプローチをとっていることも改めて言及しておく。対照的に、キュウリの高品位生産が変異を受け止める安定基盤となっていることも重要なポイントである。

自然を相手にする農業の営みには「ゆらぎ」や「あそび」が多くあり、工業的な営みに比べて多様な存在を受け入れる余地が生じやすい。きたなかふぁーむも農業を通じて働き手の夢を叶えるプラットフォームとして、障がい者などさらに多様な働き手を受け入れている。組織成員の多様性は組織内にさらに変異をもたらし、組織の進化を促すことになる。ティール組織では、多様なメンバーが各々の裁量で刻々変化する現実を判断して動き、一部の管理者が中央集権的・トップダウン的に決める場合よりも、より多くの変異、選択の幅を広げることで、組織全体として変化に素早く適応できる。そういう意味でティール組織は「進化型」であり、きたなかふぁーむの特徴は、そうした方向性に重なっていることがみてとれる。

6　結論

ここまで、きたなかふぁーむ及び北中の理念に、自主経営（セルフマネジメント）や全人格の受容、存在目的の重視といった、ティール組織（ラルー、2018）の特徴がみられることを示した。また、きたなかふぁーむの組織文化をSchein（2017）の3つの文化構造観を手がかりに考察し、農業という物理的な営みが「文物」としての組織文化をなし、全人格の受容というティール的組織運営に貢献する一方で、カンパニースピリッツ・ミッションなどの「標榜された価値観」自体の組織文化の形成浸透への貢献は限定的であったことを見出した。他方、カンパニースピリッツは、「基底的な前提」レベルの組織文化となるべきカンパニースピリッツは、多数の変異と選択を前提とする進化論的な手法で浸透が図られている。

現状で組織の基底的な前提と目されるのは、スタッフの夢や動機を実現させる場づくりが優先されている点である。さらに基底的な前提のなかに、社を存続させること自体への関心、いわゆる「ゴーイングコンサーン」が希薄であることを指摘できる。

きたなかふぁーむのティール組織的な運営および北中の理念の基調をなすのは企業の存在目的の追求である。また北中は、組織運営において「どのように」という手段ではなく、「なぜ」という大義の重要性を特に重視する。ゆえに、スタッフの働き方を導く上で、就業規則や給与インセンティブといった方法論には重きをおかない。理想はスタッフ各人が、「夢や動機を実現させる場づくり」という社の存在目的に共鳴し、「仲間のためだから」という「情」が基盤となって人が動くことである。

ところで、筆者らは、経営学の議論が「経営者が組織文化を『どう』変革させるか」といった方法論のみに傾きがちであることに問題を感じていた。こうした方法論は、前述のように直接的な因果論を前提としているという問題に加え、組織運営における大義の重要性が十全に認識されていないようにも見えたのである。

ただし注意を要するのは、北中自身、きたなかふぁーむという法人自体、存在目的の達成のための手段と認識している点である。キュウリを生産するだけなら農家という形態でよく、法人形態をとっているのは、「キュウリの生産」とは異なる目的を達成するためである。逆に言えば、その目的が達成されれば法人としてのきたなかふぁーむはなくなってもよい、と考えている。その意味で企業存続への関心、「ゴーイングコンサーン」は希薄である一方、ラルー（2018）のティール組織の事例と同様、きたなかふぁーむでは「「パーパス（存在目的）コンサーン」が基底的な前提となっている。

ところで、仮にきたなかふぁーむという組織が消失した場合、環境適応に失敗したとしか判断できないだろうか。選択単位を組織としてみている限り、企業として競争に敗れ市場から退出したとみるしかないだろう。きたなかふぁーむの「農業をより良い職業に」という存在目的を達成するための「ルール」（複製子）を選択単位とみた場合は、こうした見方は変わり得る。きたなかふぁーむという組織が消失したとしても、きたなかふぁーむで働いた人たち（相互作用子）がその存在目的を社会に膾炙させたとしたら、むしろきたなかふぁーむは社会に適応した、といえるのではないだろうか。

注

1）ティール（Teal）とは、鴨の頭頸部にみられる青緑色を指す。

2）ドーキンス（1991 = 1976）は、人間の社会文化への進化論の適用を試みるなかで、文化システムの複製子として「ミーム」概念を提起した。進化経済学で「ルール」を複製、継承する複製子はある種のミームとみなすことができる。ただし、DNA のような遺伝子の物質的基盤にあたるものは、ミームでは明示されていない。おそらく言語や非言語的なコミュニケーションメディア（図や音など）が複製子としてのミーム（または進化経済学におけるルール）の物質的基盤であると考えられる。

3）パートＤは、事務処理をほぼ一手に担うだけでなく、北中と中学校の同級生であったことや、お互いの子供が事務所で過ごすといった私的領域でのつながりもあり、そうした信頼関係から組織の中枢的な役割を担うようになったと目される。

4）社会における非人間・物質的存在の重要性は、主にアクター・ネットワーク理論など科学技術論などで論じられ、社会学、人類学、地理学などで批判的に受容されてきたが、近年経営学においても検証と受容の動きがみられる（木佐森、2009）

5）従業員を養うといった「存続の大義」はあろうが、元の組織の存在目的と乖離する可能性は高い。

引用文献

チャールズ・ダーウィン『種の起源』（八杉龍一訳；上，下）岩波文庫.

Schein, Edgar H. (2017): Organizational Culture and Leadership (5th ed.), Wiley.

藤本隆宏（1997）『生産システムの進化論―トヨタ自動車にみる組織能力と創発プロセス』有斐閣.

入山章栄（2019）『世界標準の経営理論』ダイヤモンド社.

木佐森健司（2009）「経営学におけるアクター・ネットワーク理論の展開と可能性：情報システム学において再現された二分法への批判」『日本情報経営学会誌』29(2)：pp.64-75.

フレデリック・ラルー（2018）『ティール組織：マネジメントの常識を覆す次世代型組織の出現』（鈴木立哉訳；嘉村賢州解説）英治出版.

松本俊吉（2010）「自然選択の単位の問題」松本俊吉編著『進化論はなぜ哲学の問題になるのか』勁草書房：pp.1-25.

アレックス・メスーディ（2016）『文化進化論―ダーウィン進化論は文化を説明できるか―』（野中香方子訳；竹澤正哲解説）NTT 出版.

長岡克行（2006）『ルーマン / 社会の理論の革命』勁草書房.

リチャード・ネルソン，シドニー・ウィンター（2007 = 1982）『経済変動の進化理論』（後藤晃・角南篤・田中辰雄訳）慶應義塾大学出版会.
西部忠・吉田雅明・江頭進（編著）（2010）『進化経済学基礎』日本経済評論社
佐倉統（2002）『進化論という考え方』講談社現代新書.
佐藤直樹（2012）『40 年後の『偶然と必然』―モノーが描いた生命・進化・人類の未来』東京大学出版会.
高尾義明（2019）『はじめての経営組織論』有斐閣.
ケン・ウィルバー（2019）『インテグラル理論 多様で複雑な世界を読み解く新次元の成長モデル』（加藤洋平（監訳），門林奨（訳））日本能率協会マネジメントセンター.

第10章　農業構造の変動と農企業の組織文化

柳村　俊介（摂南大学）

はじめに

農業経営が企業化をすすめるにつれ、経営理念を確立し、それを組織文化として生成・共有することが求められる。それは、企業内部の組織を強化する点でも、また対外的な発信力を高める点でも重要だ。内部組織および外部環境との応答をつうじて経営理念と組織文化は修正、豊富化されて企業の血肉となり、企業価値を基礎づけるのである。

こうしたことから、組織文化の生成・共有が課題になるのは、従業員をはじめとする相当数の組織メンバーを抱える企業経営と考えられるので、ここでは、家族世帯員を中心とする農業経営ではなく、組織経営[1)]として農業を営む企業（以下、「農企業」とする）を念頭に置く。そのうえで、構造変動がすすむわが国の農企業の組織文化をいかに論じるべきかに関し、次のような考察を加える。第1に、①農村社会がもつ伝統的組織文化と農企業の組織文化の関係、②農業経営構造と組織文化の相互作用、③多文化モデルと組織文化の改変、という3つの論点についてやや一般的な観点から検討する。そして第2に、農業経営者がもつ「経営の精神」をめぐる過去に行われた議論を

1）2005年、2010年、2015年の農林業センサスでは農業経営体が二元的に区分されていた。そのひとつが「家族経営体」「組織経営体」の区分であり、①1世帯（雇用者の有無は問わない）で事業を行う非法人、②1世帯で事業を行う法人、③世帯で事業を行わない（家族経営体でない経営体）非法人、④世帯で事業を行わない法人の4つのタイプのうち、①と②を家族経営体、③と④を組織経営体とした。もうひとつの区分が「個人経営体」と「法人経営体」で、前者が①、後者が②と④に該当する。③については法人経営体・個人経営体のいずれにも含まれない。2020年農林業センサスでは農業経営体の区分が一元化され、①を「個人経営体」、②③④を「団体経営体」に分類している。

本稿における組織経営＝農企業の概念は主に上記の組織経営体に対応するものだが、一戸一法人（上記の②）でも家族以外の従業員が多数を占めるものを含めることにする。

振り返りながら、多文化モデルの有効性を確認する[2]。

1　組織文化に関する標準的理解

本題に入る前に、まず企業の組織文化に関する標準的な理解を押さえておく。ここで参照するのは伊丹・加護野（1989）であり、経営組織のハードの側面に対するソフトの側面として経営理念と組織文化を位置づけ、そのうえで経営者が示す経営理念が組織メンバーに浸透し、それが組織文化として共有されるという図式を示している。経営理念を樹立するだけで企業の組織力が発揮されるものではない。役員や従業員をはじめとする組織メンバーに経営理念が浸透し、組織文化が生成・共有されることが必要であり、その成否が企業の活動を大きく左右する。伊丹・加護野は経営者による経営理念を組織文化の源泉としており、その点で「単一文化モデル」に立脚する議論であることに注意しておきたい。

この経営理念・組織文化のセットは独立変数として扱われている。このように言うのは、経営理念の樹立と組織文化の生成・共有が経営者のなすべき課題とされているからである。組織文化は企業の業績に影響し、業績いかんによって見直しが求められる。しかし、経営理念・組織文化は企業の内外の条件によって変化するものではなく、基本的には経営者の意思の下にある。そして短期的に変更可能な性質ではなく、持続性をもつ。組織文化が組織メンバーに浸透するのにはある程度の時間を要することを考えると、経営理念以上に組織文化について持続性が強く現れるはずである。

遠藤（2011）はこれについて次のように指摘している。あらゆる組織は固有の文化を有するが、「（企業における）組織文化とは、人びとに信じ込まれた価値観と行動パターンであり、一般に『社風』、『組織風土』、『組織の空気』などと称され方は千差万別であるが、･･･ これらをまとめて『組織文化』と称する」（p.127、カッコ内は柳村が加筆）。そのうえで、シャイン（Shein, E.H.）

2）本論は日本農業経営学会2020年度大会シンポジウムの報告に対するコメントに向けた前段の論点整理に加筆・修正を加えたものである。

の組織文化論を紹介しつつ、「どのような組織文化が望ましいかは、企業の環境、戦略、職務の性質などによって異なる。… 状況に応じた組織文化を形成しなければならないが、一度、形成された組織文化を再構築することは容易ではない」と述べている（p.127）。

伊丹・加護野（1989）に戻ると、この論考では、組織文化の内容を価値観・パラダイム・行動規範に整理し、組織文化の意義と機能を、ひとつにメンバーのモチベーション・判断・コミュニケーションのベースとなる点、もうひとつとして企業イメージを対外的に伝達する点に見出している。組織文化の生成・共有においては言語表現、具体的行動や象徴の共有、教育、選抜が作用するとしている。このような組織文化は思考様式の均質化や自己保存本能といった逆機能につながることがあり、それが高じると経営革新が妨げられるパラドックスに陥ることを指摘している。このようなパラドックスが発生する背後には、上述した経営理念・組織文化がもつ「持続性のある独立変数」としての性質があると考えられる。

2　農業構造変動下の組織文化に関する一般的論点

（1）伝統的農村社会と農業経営の組織文化

さて、わが国の農業構造は変動の過程にあり、経営規模拡大と組織化、法人化、総じて言えば企業化が進行しつつある。他方では、衰弱が著しいとはいえ、農家家族とその自営農業、それらによって構成される農村社会が広範に維持されている。

かつて農家家族と自営農業は農村社会に深く埋め込まれていた。農村社会がもつ伝統的組織文化は地域主義的な問題解決指向の基礎をなし、協調・公平・平等を重視するなどの特徴をもつ。企業化の進展はこうした農村社会からの「脱埋め込み」を意味するが、だからといって農企業の組織文化は農村社会の伝統的組織文化の影響を免れるものではない（この点については後に「多文化モデル」にもとづいて説明する）。農企業の組織文化の形成は農村社会がもつ伝統的組織文化とのさまざまな関係を織りなすと考えられる。

まず挙げられるのは双方の対抗関係である。農業経営の企業化がスタートする時点では、農村社会の伝統的組織文化に対し、農企業の組織文化がカウンターカルチャーとして対峙する場面があるだろう。

他方、双方が常に対抗関係にあるというわけではない。農企業の組織文化が伝統的組織文化それと調和・融合して形成されることが考えられる。また、双方の文化が異なる性格をもって存在したとしても、前出のパラドックス問題が生じ、対応を迫られると、今度は伝統的組織文化がカウンターカルチャーの役割を演じ、それに接近することによって農企業の組織文化の改変をはかることがあるだろう。

逆方向の、農企業の組織文化による農村社会への作用も考えられる。時代の変化を先取りするかたちで農企業の組織文化が形成され、農村社会の組織文化の変容を加速するといった状況が想定される。

（2）農業経営構造と組織文化

第２の論点は農業経営構造と組織文化の相互作用である。経営構造によって企業の組織文化のあり様と機能は異なる。これは農業・非農業を問わず言えることであろう。農業経営構造を規定する要素はさまざまだが、ここでは規模と経営組織、組織メンバーの選抜、作目を挙げたい。

まず、きわめて常識的に、規模と経営組織によって組織文化の浸透・共有メカニズム、機能の差異が生じるはずである。二点目に挙げた組織メンバーの選抜は前出の伊丹・加護野（1989）が組織文化の生成・共有に関して論じた点で、選抜のいかんによって組織メンバーがもつ個人文化と組織文化の関係が変わる。選抜を経営組織のなかに含めることも可能だが、後に再論するので注目点として挙げておく。さらに、農業では地域の基幹作目か否かによって地域資源の利用と取引の態様が異なるために、作目の選択によって組織文化のあり様はかなり異なるものになるだろう。このように、農業経営構造と組織文化は、直接的な関連をもつとともに、地域を介して迂回的な関連をもつ。

これに経営戦略を加えると、経営戦略にしたがって経営構造が構築され、さらに組織文化の生成・共有が促されるという作用の方向が一般的には考えられる。その図式を<経営戦略→経営構造→組織文化>と示すことができる。他方では、組織文化の選好が経営構造と経営戦略を規定するという逆方向の作用もありうる。<組織文化→経営構造→経営戦略>という図式になる。

後者の図式についての分かりやすい例として、集落営農法人のように、地域資源を利用するために農村社会の伝統的組織文化を前面に据える経営行動が挙げられる。この場合、農企業にとって伝統的組織文化は利用可能な地域資源の重要部分をなすと見ることも可能である。

<組織文化→経営構造→経営戦略>という図式は変わらないが、上記とは反対に、伝統的組織文化の影響を回避するために、新規作目を選択する等、新たな経営構造を構築する行動をとる場合もある。農村社会で定着しているルールが経営活動の制約と意識され、そのルールが適用されない場面で経営活動を展開するのである。新規作目の導入のほか、同じ作目であっても農協の部会とは別の生産者組織を立ち上げる行動、農業以外の事業展開等がこれに該当する。

（3）組織文化の改変と多文化モデル

第 3 の論点は組織文化の改変である。新たな経営展開に伴って生じる組織文化の改変にどのように対応するかだが、ここでは組織文化の改変の基本的な構図について検討する。

前項の議論を引き継ぐと、農村社会の伝統的組織文化の利用ないしその回避からスタートしても、経営展開の局面が変化すると農企業の組織文化を改変する必要が生じ、伝統的組織文化との関係が変わることが考えられる。たとえば、集落営農法人において地元の人材が確保できず、外部の人材の比重を高めようとする時に、伝統的組織文化を重視する農企業の組織文化が外部人材登用の足かせとなり、パラドックス問題が生じる可能性がある。

ところで、前出の単一文化モデルでは、組織文化の改変を「振り出しに戻る」かのように<経営理念の改変→新たな組織文化の生成・共有>として描くことになるが、少なくともわが国の農業経営の組織文化を考えるうえで現実的ではない。これまでの論述のなかで指摘したように、農村社会の伝統的組織文化の影響を無視することはできず、複数の文化が交錯する多文化モデルを考えるべきと思われる。

多文化モデルは組織文化の源泉が複数存在することを想定するものである。農企業の経営者が樹立する経営理念に加え、農村社会がもつ伝統的組織文化が組織文化の源泉となり、双方の関係が問題になる。これについては既に述べたが、より深く掘り下げるには、組織メンバーがもつ個人文化を考慮すべきである。農企業の組織文化、農村社会の伝統的組織文化、個人文化の関係を図10－1に示したので、これを説明する。

図10－1　農企業の組織文化、農村社会の伝統的組織文化、個人文化の関係

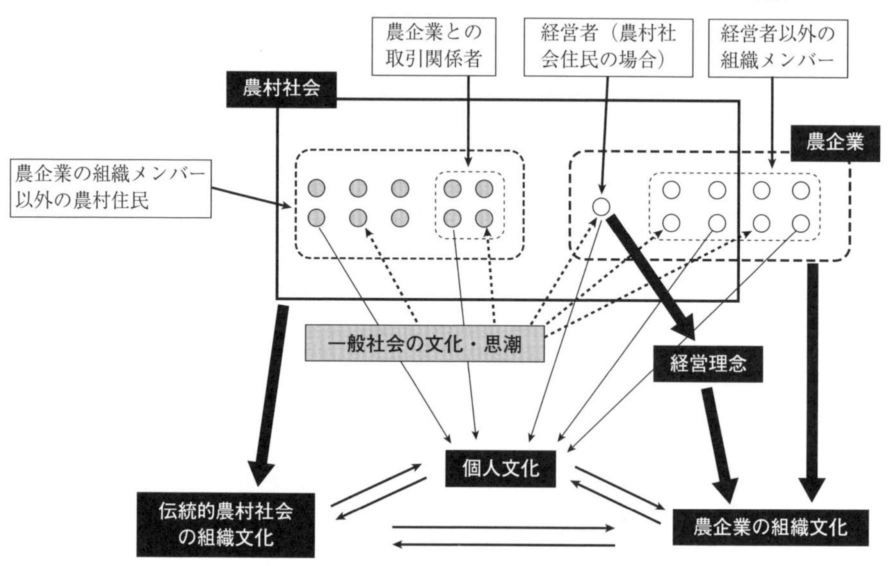

農村社会の組織文化が農企業の組織文化に影響を与える回路はひとつではない。最も大きな影響力をもつのは、農村社会の組織文化の影響下にある地元出身の組織メンバーが媒介役となり、個人文化をつうじて企業の組織文化に作用する回路である。たとえ農村社会からの「脱埋め込み」を目指す経営理念を掲げていても、組織メンバーを介して農村社会の伝統的組織文化が企

業の組織文化に影響をおよぼす状況が想定される。

農企業では経営者自身が地元農村社会の住民である場合が一般的だが、この場合は経営者を介して農村社会の伝統的組織文化が経営理念にも影響することになる。さらに、組織メンバーを介するのではなくても、農地の貸借や地域資源の利用をつうじて取引相手から農村社会の伝統的組織文化の影響を受けることもあるだろう。

もっとも、農村に立地する企業だからといって、農村社会の組織文化の影響を受け続けるわけではない。組織メンバーの個人文化は一般社会の文化・思潮からの影響を受けるので、農村社会の住民だからといって、その組織文化の影響が強いとは言えない。また、経営者を含む組織メンバーは地元農村社会の出身者と外部者に分かれ、農村社会からの影響の有無につながる。各人が所属する組織や集団は異なり、さらにそれぞれの個性も加わるので、個人文化は各人各様のものとなるだろう。

このように、個人文化には、農村社会をはじめとする地域社会や集団の組織文化を媒介する面と、個人差にもとづいて多様で個性的な面がある。組織文化が生成・共有・改変される際には、源泉となる複数の文化間での重心移動・調整・融合が生じると考えられる。組織メンバー間でそれぞれの個人文化がせめぎ合うが、それとともに、地元農村出身の組織メンバーであっても、伝統的組織文化を体現するだけではなく、複数の源泉をもち、それらのせめぎ合いのなかで自身の個人文化を形成する。かかる文化のせめぎ合いを制御する重要な機会が組織メンバーの選抜であり、ここで経営者は組織文化に対する意思を通すことができる。

このように、農村社会と農企業の双方の組織文化の関係は、直接の相互作用とともに、組織メンバーの個人文化をつうじて作用を及ぼすと考えられる。

3　多文化モデルの有効性―「経営の精神」についての議論を振り返る―

（1）「経営の精神」の転換

農業構造変動がすすむ下での農企業の組織文化についてやや一般的な見地

から検討したが、以下では大泉一貫による二つの論文（大泉（1996a)、大泉(1996b)）を題材に、多文化モデルの有効性について検討したい。

二つの論文は同じ年に前後して刊行されている。ともに農業経営者の「経営の精神（エートス)」について論じており、農企業の組織文化と重なるところが多い。1994年4月に開催された日本農業経営学会第61回大会シンポジウムで「農業経営研究は何をめざすか」をテーマに議論が行われたが、後に学会の監修図書として刊行され、共同座長を務めた大泉がシンポジウムを総括する論文を執筆している。それがここで取り上げる最初の論文である。

大泉はシンポジウムのなかで主に論じられた経営者の行動・能力・動機等に関わる論点を「経営の精神」をキーワードに用いて次のようにまとめている。「今日要請されているのは、『日本型農業経営の精神』なるものの醸成であり、私ども農業経営研究者に要請されているのは、集落主義、自作農（小農）主義、イエ制度といったものがつくったエートスから、独立自営農民、すなわち経営者としてのエートスへの転換をどのように行うかという道筋の発見であり、また両者の客観的描写であろう」(大泉、1996a：166)。ようするに農業経営のエートスについての「脱埋め込み」と転換である。エートスは組織文化より広いが、意味する内容はかなり重なる。そのように理解すると、農村社会がもつ伝統的組織文化に対するカウンターカルチャー構築の主張と受け取ることも可能である。

二番目の論文（大泉、1996b）は1996年7月開催の日本農業経営学会第66回大会における「経営環境の変化に対処する担い手形成」をテーマとするシンポジウム報告のひとつである。この論文では前稿の考察を深化させるためのフレームワークの構築に力を注いでいる。前稿と同様にキーワードとして「エートス」を用い、「経営力の源泉」として＜経営精神（経営エートス）→経営理念→経営目的＞という「三層モデル」を示している[3)]。経営の精神は「人々に共有された考え、文化、共有された意識、エートス」であり、これが抽象

3）この論文の他のキーワードは環境マネジメントであり、大泉は環境マネジメントの一環として地域レベルのエートスの転換を視野に入れている。

性をもつ経営理念につながり、さらに具体的な経営目的に結びつくとされている。経営精神は組織文化よりも広い意味をもつ概念であるがゆえに、経営理念を基礎づける位置に置かれている。伊丹・加護野が論じた「経営理念を浸透させた組織文化」とは異なり、規定関係が逆になる。

この論文にはいささか分かりにくいところがある。それは国家・地域・経営・家族等のエートスと経営者のエートス、言い換えると経営者から見て外在的なエートスと内在するエートスの両方が混然としている点である。しかも、地域などの外在的エートスの転換という「困難な課題の達成を（経営者が）自らの能力の一つとして要求されることになる」（p.37、カッコ内は柳村が加筆）と述べている。それは「農民が経営者的エートスを持つかどうかは彼が育ってきた家庭・農村・社会等の諸環境との関わりで論じられなければならない」（p.36）からであり、経営者に内在するエートスと外在的エートスが相互作用をもつという認識にもとづくのであろう。外在的で保守的なエートスによって経営者自身のもつ内在的エートスが制約され、ひいては経営力の強化を阻まれる。その制約を打破するには外在的エートスの転換を実現しなければならず、それも経営者に課せられているという論理と解される。

（2）多文化モデルの有効性

大泉は地域のエートスの転換メカニズムを論じているが、それは経営者的エートスの伝播・普及であり、その役割を果たすのが論文タイトルにある「リーディングファーマー」だとしている。「エートスそれ自体は伝播の困難なものであり、何らかの伝達手段や媒介を必要とする。そこに技術やノウハウが登場する。農法の形成、農事改良、技術創造等々といった・・・経営者の創造物は十分に伝達手段としての役割を担えるものである」（p.39）と述べ、技術やノウハウを介してエートスが伝播・普及するという論理が示されている。しかし、技術・ノウハウの伝播がエートスの伝播につながる論理は明確ではなく、十分な説得力があるとは言えない。

この大泉の議論に関わり、先に示した「個人文化を考慮した多文化モデル」が有効であることを述べて、本論を締めくくりたい。

第１は、地域のエートスと経営者のエートスの関係は、前述した個人文化、大泉の議論に近づけると「個人レベルのエートス」を想定することによって論理が円滑になると思われる。エートスを組織文化・個人文化に置き換え、農企業・農村社会がもつ外在的エートスを組織文化、経営者の内在的エートスを個人文化とする。さらに農企業メンバーや農村社会住民の個人文化を加味すると、経営者的エートスの伝播・普及について次のような説明が可能になる。革新的な経営者的エートスにもとづき経営理念が確立され、それが組織文化として浸透する。そのような組織文化を身に着けた農企業の組織メンバーは自らの個人文化をつうじて農村社会に影響をおよぼし、農村社会の組織文化が転換する。それは経営者やその後継者の個人文化にも作用を及ぼすことが考えられる。集落ぐるみ型の農企業は農村社会の伝統的組織文化の影響を受けやすいが、作用の方向が反転すると、農企業の革新的な組織文化が農村社会に大きな影響をおよぼすことになる。その実例は全国に散見される。リーディングファーマーの経営的エートス伝播の媒介となるのは、技術・ノウハウよりも組織メンバーだとする方が説明力は増す。そして組織メンバーの多くが農村社会の住民である方が伝播力は強くなるのである。

第２に、新旧のエートスを対抗関係として描いたのは、現在の視点から見ると一面的であった言わざるを得ない。農企業は1990年代の創成期を経て2000年代に拡充期に入ったが、その主流をなしたのは集落営農タイプであった。つまり伝統的農業のエートスと企業的農業のエートスが融合する動きが現れたのである[4)]。これを説明するためには、異なる性格をもつ複数の文化

4）1994年のシンポジウムでは佐々木隆が「次世代が経営者を指向する場合の動機形成過程」において経営理念・行動規範の準拠点（準拠個人・準拠集団）が意味をもつこと、それには自覚的な準拠点となるもののほかに、無意識的に準拠する規範·価値をもつ集団があり、「家族」「経営間ネットワーク」「産地などの経営の共通性が高い地域範囲」が該当すると論じている（佐々木、1996)。「農家は経営者を育てられない」と考える大泉はこの議論に批判的である。「イエを超えたより社会化された中での経営者育成」を展望する大泉の観点からは、佐々木の準拠点の範囲が農村や家族に狭く設定されている点が納得できなかったのであろう。しかし、佐々木の議論は、集落営農の広範な展開等、企業経営における地域主義的な組織文化の形成を説明するうえで示唆に富む。実証研究の可能性も高く、それもあわせ、現時点においても重要な意義をもつと思われる。

を源泉とし、相互作用をつうじて組織文化が形成されるととらえる多文化モデルが有効である。伊丹・加護野とは異なるが、異なるエートスを対抗関係とする議論はやはり単一文化モデルであり、それでは複雑な実態を解明しきれないだろう。

引用文献

遠藤ひとみ（2011）『経営学を学ぶ』勁草書房.

伊丹・加護野（1989）『ゼミナール経営学入門』日本経済新聞出版社.

大泉一貫（1996a）「農業経営学の目指す方向と課題」中島往夫・大泉一貫共編『経営成長と農業経営研究』農林統計協会.

大泉一貫（1996b）「経済成長とリーディングファーマーの役割」『農業経営研究』34(3)：32-41.

佐々木隆（1996）「経営者育成のための経営研究の課題」中島・大泉編上掲書.

終章　本書の総括

堀田　和彦

本章は本書の総括を担当する章である。すでに、序章で触れているように本書は二部構成から成り立っている。第一部が農業経営における組織構造の変革の実態・要因・効果を検討した部分に当たり、第二部が組織文化と経営戦略の関係について検討した部分である。序章でもすでに述べられているように、組織の構造とは端的には事業を実施するために組織内に構築される役割分担の体系を表す。一方、組織文化は組織構成員の基本的前提認識を意味し、組織の理念や基本的考え方を表す。両者は経営組織の戦略の実行や経営成果においてどちらも極めて重要な要素として関係仕合い、組織内部の安定的な構造的要素と位置づけることができる。本書は両者の変化による組織変革が農業経営に及ぼす影響に焦点を当てている。

本章ではまず、はじめに第一部、農業経営における組織構造変革の実態・要因・効果の部分を要約し、次に第二部、農業経営における組織文化と経営戦略の部分をまとめ、最後に農業経営学に組織変革論を適応する場合の注意点等について整理する予定である。

第一部、第１章ではまず、はじめに北海道における組織構造変革の実態が紹介されている。北海道では地域維持を超えて進む農家減少が進行しておりその全体像が示される。年齢階層別の男子世帯員数の変化から、2010年以降世代交代期を乗り切る展望が甚だ心もとない現状が示され、次に事例地であるオホーツク地域における同様の現象が示されている。このような状況の中、後継者不在農家の協働による新たな組織形成の実態として第三者継承支援組織と複数戸法人による新たな担い手育成確保の方策が示されている。新たな組織形成により、地域農業の存続の危機に対処した動きととらえることができよう。本来農家は家族経営の存続（家族動機）こそ利潤追求の原動力とするものであり、北海道では基本的にその原動力をもとに農家が存続し、結果地域が維持されていた。その動機を失った後継者不在農家が地域維持のために新たな組織形成を進めており、大変興味深い組織構造変化と捉えることができよう。ただ、ここで紹介されたあらたな組織による担い手育成確保のための組織形成は一部成果も確認できるが、地域の持続的発展を支える十分な組織となりえていくのか、その判断は今後の推移を見守る必要があろう。

続いて第2章では、稲作単一経営の法人化を対象に、組織変革（法人化）が農業経営の営農面における効率性を高めるか、実証分析を行っている。国が農業分野に推し進めている法人化という組織変革政策の成果を経営の効率性の観点から整理した興味深い研究といえよう。著者は稲作経営の法人化により、農産物販売額の増加、6次産業化、雇用の促進の効果があることをすでに明らかにしている。しかし、法人化という組織構造の変革そのものが営農面における経営の効率性を高めているのか、明確とは言えない。本章では詳細な実証分析を通じて、その点の解明を試み、法人化が必ずしも営農面における経営効率性を高めてはいないことを明らかにしている。家族経営の優位性があらためて確認される結果となっている。その要因は法人化に伴う雇用労働の拡大がモニタリングを困難にしている点にあるとしている。制度面から法人化を推し進めている日本農業の現状、ならびに稲作単一経営だけをみても2005年から10年で約2倍強の数になっている法人経営。それらが営農面においては効率性を必ずしも高めてはいないが、それ以外の様々な理由から法人化という組織構造変革を推し進めていることを示している。事業規模の拡大や雇用増加を通じた地域経済への貢献、6次化等の生産関連事業の拡大、税制上の優遇処置、法人経営への各種支援制度の充実等がこのような結果をもたらしているのか、今後のより一層の解明を期待したい。

第3章では集落営農組織に代表される中間組織体の組織変革に関する理論的検討がなされている。本章では地域農業を支える集落営農等の中間組織体におけるこれまでの組織構造変化とその環境要因の歴史的変化が丁寧に整理されている。従来家族農業経営を補完する組織であった地域農業組織は、補完から代替する組織、すなわち地域農業の主体へと変化してきた。また、その変化そのものが家族農業経営のリタイヤを促進させ（集落営農のジレンマ）ている。また、近年では地域農業組織も担い手層の高齢化と次世代後継者確保の難しさから、より広域、重層化したあらたな組織構造変化が起きていることが示されている。これらの組織構造変化を誘発する環境要因は第１章、北海道における事例同様、家族農業経営の労働力、後継者不足だけに留まらず、地域農業組織自体の労働力、後継者不足に起因するところが大きい。本章は我が国水田農業の支援組織として極めて重要な役割を果たしてきた集落営農組織の組織構造変化とその要因を丁寧に整理した貴重な研究となっている。

第４章では１章から３章までの組織構造変革に関わる研究を踏まえ、農業経営学における組織構造変革の調査研究のあり方や課題について検討を行っている。組織構造変革の対象範囲、組織構造変革の成果をどう評価するか、既存の農業経営学における理論の再整理、深化・発展のためにはどのような調査・分析が必要か検討している。組織構造変革の対象範囲の検討では組織の規模や組織形態によって、組織構造変革を捉える要素が大きく異なる点への注意喚起が示されている。また、環境適応としての組織構造変革の成果をどのようにとらえるか、組織構造変革が達成されるまで影響を及ぼした様々な要因の時系列的な変化との関係の整理も重要であると指摘している。さらに、組織構造変革によって発生する複数主体の意思決定プロセス、マルチレベルでの考え方、包括的組織構造変革プロセスへの検討も重要であると指摘している。

第二部、農業経営における組織文化と経営戦略の部分からは、主に組織文化が農業経営の経営戦略やその成果に及ぼす影響を検討している。

第５章ではまず、はじめに組織文化という理論の基本的な説明とそれを農業組織に適応する場合の課題が説明されている。組織文化とは、組織を構成しているメンバー間に共有される価値や規範の体系とされている。本章で近年のイノベーション志向や顧客志向の組織文化論が農業分野の中で比較的大規模な農業法人や農業生産組織に対して持つ意義、役割を検討し、今後の研究の課題を提示している。農業組織は一般企業のそれとは異なり、中小規模、家族経営が基本的単位、地域との密着性の高さ、非営利的側面、規制の強い産業という性格をもつ。よって、一般企業をもとにした組織文化論のモデルの適応にあたっては修正すべき課題が示されている。本章では中小企業における組織文化論適応の課題等を踏まえ、農業組織にイノベーション志向性や顧客志向性の高い組織文化を持ち込む場合のアプローチ方法、課題等を提示している。農業経営学の領域にはじめて、組織文化という分析枠組み、理論を紹介し、その適応上の課題を提示した本章の意義は極めて高いものと思われる。

第6章においては、前章で触れた組織文化論を踏まえ、農業法人が経営戦略の遂行や経営イノベーション（革新）の実践を行い、何らかの組織構造の変革を行おうとする場合に組織文化の存在がどのような作用を及ぼしうるか理論的検討を行っている。また、農業分野における組織文化の包括的な把握に必要な要因の整理を行動科学の知見を援用しながら組織文化を体系的に捉える調査体系項目群を提示している。本章は農業経営学において組織文化の適応を行う場合の理論的視点を体系的に提示した始めての労作であり、その貢献は極めて大きいと言えよう。また、本章では上記の理論的視点を用いて雇用導入を行っている農業法人を対象にアンケート調査を実施し、定量的な特性・類型アプローチも行っている。

第7章においては大規模養豚法人を事例に戦略的人的資源管理と組織文化との関連性とその経営成果への影響を検討している。養豚経営は農業分野の中でも大規模化が進み、設備投資の水準も高い。また求められる技術力も高く、装備産業的な特徴を持ち、十分に練られた経営戦略、それを裏付ける緻密な事業計画、高いマネジメント力やリーダーシップ、高い技術力を保持するための人的資源管理は極めて重要な経営上の課題となっている。このような状況の中、戦略的な人的資源管理を成功させるためには、組織内の従業員にそのやる気や貢献意欲を引き出すための組織文化が極めて重要となる。本章では大規模養豚法人であるセブンフーズ株式会社を対象に、緻密な実態調査を実施し、上記の課題解明をおこなっている。本章は組織文化が人的資源管理、経営戦略、成果に及ぼす効果について実践的事例をもとに検証したはじめての研究と言えよう。

さらに、第８章においては集落営農組織における組織文化形成と経営戦略の関係について論じている。第３章でも触れたように、集落営農組織は経営環境の変化に応じて、様々な組織構造の変容を遂げてきた。農業経営・経済学も長期にわたり集落営農組織の研究をおこなっている。これまで、この分野における組織文化というタームに基づく研究蓄積は乏しいが、農業経営構造を丹念に読みといてきたこれまでの研究では、集落営農組織の組織文化に関係する既往研究は少くない。それは、集落営農の基盤となる「地域」そのものの風土、文化と集落営農の関係に関わる研究とも言えよう。本章では長年にわたり集落営農を実践してきた島根県下の取り組みをもとに集落営農組織にみる組織文化形成と経営戦略について検討を行っている。本章では集落営農組織の組織文化形成と経営戦略の分析枠組みを提示し、生活の場としての「地域」に基づく分析視点を整理し、広域連携化し、「地域」のフレーム拡大の事例をもとに、基層社会変容への対応を検討している。集落営農という「地域」を基盤としておこなう組織経営活動とその背景にある「地域」文化の多様性が簡潔に整理されている。またそのことが、「地域」を基盤とする集落営農組織における組織文化と経営戦略の関係性の解明において、一般企業のそれとは異なる複雑性、難解さがあることを明確に示している。

第９章においては、組織文化論の最新の研究であるティール組織論を用いて、株式会社きたなかふぁーむの組織文化、組織の進化を分析している。きゅうり生産を主軸とする農業法人、きたなかふぁーむは様々な組織の変容（進化）を遂げながら、現在、高齢者やパート、外国人労働者、子育て世代、障害者など、多様な人材を雇用し、それぞれの背景と動機を含めた人格全てを組織が包摂し、各人のもつ未来像の実現を経営理念、目標として運営している。本法人では農業という作物生産の複雑性や柔軟性を活かし、全従業員が主体的に運営方法を創出し、役割を見出す自主経営が営まれている。通常、組織文化論では、一般企業で想定されるように管理者からのトップダウンによる組織文化の確立、浸透、経営戦略へのプラスの効果の発揮という視点で組織文化をとらえる傾向にある。しかし、本章では組織文化の形成を多様な人材のボトムアップ的、自然発生的なものと捉えている。それは、組織文化論を農業分野に適応する場合の注意点である中小規模である点、地域密着的である点、非営利的である点等とも深く関連する農業生産組織特有の特徴とも捉えることが出来よう。本章は農業分野に組織文化論を適応する場合の難しさをあらためて浮き彫りにした研究となっている。

第10章では、ここまでの研究成果を踏まえ、農企業を念頭に、構造変動が進む我が国の農業経営の組織文化を検討するにあたって、農村社会がもつ伝統的組織文化と農企業の組織文化の関係、農業経営構造と組織文化の相互作用、多文化モデルと組織文化改変について検討を行っている。また農業経営者がもつ「経営の精神」をめぐる議論にも触れ、多文化モデルの有効性を確認している。本書、第3章、ならびに8章でも触れているように地域を基盤とした集落営農法人等の土地利用型農業法人は、「地域」に存在する伝統的組織文化と切り離して検討することは難しく、経営法人が理念・目標とする組織文化との相互作用によって、独自の組織文化を形成している。それはおそらく、土地利用型農業だけでなく、施設園芸や畜産等の作物においても、強弱の差はあるが、農村地域で営まれる農業経営共通の特徴とも思われる。本章では多文化を前提とした組織文化形成の重要性が指摘されており、農業経営学における組織文化論を研究する上での重要な視点が提示されている。

以上、本書の各章の要約を踏まえ、本章では農業経営学に組織変革論を適応する場合の注意点について簡単に整理してみたい。まず、はじめに組織変革の中核をなす組織構造と組織文化の関係については、組織構造が具体的な組織の役割体系を表しており、比較的とらえやすいのに対し、組織文化は組織構成員の組織への思い、考え方、組織内に存在する空気のようなものを表しており、時として正確に把握することが難しい。しかし、両者は経営戦略の実行、成果のために大きな役割を演じている。また第6章でも触れているように、両者が同じ方向性を向いていれば、大きな成果が期待できるが、そうでない場合、組織の役割体系は形だけで戦略の実行を阻害する場合もある。

農業分野において企業的農業経営体が増加する中、従業員数も増え、いかなる組織変革により経営戦略を実行していくかを見る場合、組織構造と組織文化の両者をしっかり捉え、その戦略への効果を見ていく必要があるのは言うまでもない。その場合、特に組織文化に関してはその組織文化形成のプロセスがトップダウン型なのか、その組織への浸透度合いはどの階層まで進んでいるのか、あるいは、多様な従業員によるボトムアップ型なのか、注意深い観察と調査が必要であろう。さらに、それらの組織変革を農業経営の領域に適応する場合、農業独自の特徴（中小規模、家族経営が基本的単位、地域との密着性の高さ、非営利的側面、規制の強い産業）を十分考慮し、精緻に組織文化、組織構造の形成過程を見ていく必要があろう。特に、「地域」との関連性の深い土地利用型農業を基幹とする組織経営体の把握には、多文化を前提とした組織文化形成プロセスを丁寧に把握していく必要があるものと思われる。また、農業分野の組織は中小規模であるがゆえに、時として組織構造が不明確な場合も多く、むしろ組織に存在する空気（組織文化）が経営の方向や戦略を決定している場合もあろう。また、一般企業のそれとは異なり、明確な組織構造や理念（組織文化）を提示し、それに賛同する従業員を集め経営を実行しているケースもまだまだ少ない。環境変化に適応し、すぐさま組織構造、組織文化、経営戦略を変容する場合も想定される。よって、組織の時系列的変化を精緻にとらえ、組織変革が農業経営に及ぼす影響を検討する必要があるのは言うまでない。

このように農業分野への組織変革論の適応に関しては、非常に多くの難しさがある。しかし、これらの課題を克服し、精緻な研究の蓄積が実行されれば、必ず農業経営学に大きな貢献をもたらし、また、組織経営体発展にとって極めて重要な知見の提供を可能とするであろう。多くの農業経営研究者が本書の研究成果を元に、組織変革論による農業組織体の研究にチャレンジし、この領域をより一層深く解明してくれることを期待したい。

執筆者一覧

（敬称略）

伊庭 治彦	京都大学 農学研究科 准教授	（はしがき、序章）
東山 寛	北海道大学 大学院農学研究院 教授	（第1章）
藤栄 剛	明治大学 農学部 教授	（第2章）
仙田 徹志	京都大学 学術情報メディアセンター 准教授	（第2章）
小林 元	一般社団法人 日本協同組合連携機構 基礎研究部長	（第3章）
西 和盛	宮崎大学 地域資源創成学部 教授	（第4章）
若林 直樹	京都大学 経営管理大学院 教授	（第5章）
野口 寛樹	福島大学 経済経営学類 准教授	（第5章）
鈴村 源太郎	東京農業大学 国際食料情報学部 教授	（第6章）
前田 佳良子	セブンフーズ㈱ 代表取締役	（第7章）
澤田 守	農研機構 中日本農業研究センター グループ長補佐	（第7章）
納口 るり子	筑波大学 名誉教授	（第7章）
井上 憲一	島根大学 学術研究院農生命科学系 教授	（第8章）
坂本 清彦	龍谷大学 社会学部 准教授	（第9章）
北中 良幸	㈱きたなかふぁーむ 代表取締役	（第9章）
柳村 俊介	摂南大学 農学部 特任教授	（第10章）
堀田 和彦	東京農業大学 国際食料情報学部 教授	（終章）

農業経営の組織変革論
組織構造と組織文化からの接近

2022年8月1日　印刷
2022年8月31日　発行©　　定価は表紙カバーに表示しています。

著　者　伊庭　治彦
　　　　堀田　和彦
発行者　高見　唯司
発　行　一般財団法人　農林統計協会
〒141-0031　東京都品川区西五反田7-22-17 TOCビル11階34号
http:/www.aafs.or.jp
電話　出版事業推進部　03-3492-2950
振替　00190-5-70255

Organizational change in agricutral management: Structural and cultural approaches

PRINTED IN JAPAN 2022

落丁・乱丁本はお取り替えいたします。　　前田印刷株式会社
ISBN978-4-541-04372-6　C3061